愛犬が長生きする本

愛犬が長生きする本

愛犬と１日でも長く一緒にいたいという思いで
集まったメンバーで作りました。
この本がきっかけで
幸せな家族とその愛犬が 増えますように
――願いを込めて。

はじめに

犬の長寿は年月と密度両方で叶えてほしいと願います

犬や人間は社会動物であり、生活の中で他者と交流してこそ生きている生き物だと、私は考えています。いくら寿命を延ばしてもその時間をただ何もせずに過ごしてしまうようでは、それは果たして生きているといえるのでしょうか。

飼い主さんは犬を家族として迎えたからには、できるだけたくさんの時間を一緒に過ごしてほしいと思います。たとえば、1日のうち2時間しか飼い主とペットが交流する時間をもてないのであれば、そのペットは24時間のうち、2時間しか生きてないということになります。逆に、1日10時間一緒に過ごせれば、5倍もの時間を生きていることになるのです。

もちろん、何歳まで生きたという年数も大切です。日頃から愛犬の健康を心がけてやることが飼い主の義務でもあります。でも、愛犬がガンなどの重い病気になってしまい、半年しか生きられないとしても、悲観せず、その貴重な半年間を愛犬と濃厚に暮らしてほしいのです。その濃厚な半年間を過ごすために、治療をしたり、薬を与えたりと、そのための手助けを獣医師としてできたらと思っています。

獣医師
ウスキ動物病院院長
臼杵 新

犬らしさを存分に発揮させてこそ健康寿命を全うできる

私は、犬はいつでも「家族といまこの瞬間を楽しみたい！」と考えていると思っています。こうした気持ちで日々を送れる犬生を一般的に“健康寿命”と呼びます。飼い主としては、犬の健康寿命をできるだけ全うできるような環境を与えたいものです。ただ、人間の社会に犬が共生するためには、当然人間の社会のルールに従わなくてはなりません。たとえば、住宅街でよく吠える犬は、歓迎されないでしょう。もし吠える理由があったとしても、犬に自制することを教え、飼い主側が自制させる方法を学ぶのが、共生に必要な双方のトレーニングになってきます。それは、犬の安全を守るためでもあります。ただ、犬にそういった飼い主側の事情や理屈は理解できません。特に狩猟犬はいつも何かを追いかけていたいし、楽しいことを続けていたいのです。ですから、飼い主の皆さんには一緒にボールで遊んだり、嗅覚を刺激するゲームをしたり、ときにはほかの犬と交流をもち、精一杯本来の「犬らしさ」を楽しめる時間を過ごしてほしいと思います。こうした犬本来の仕事欲・運動欲を満たしてあげることが、愛犬の健康寿命につながり、ひいては飼い主さんもハッピーになれるものと信じています。

ヒューマン・ドッグトレーナー
DOGSHIP Harbor 代表
須﨑 大

愛犬が長生きする本 もくじ

Chapter1
知っておきたい犬の基礎知識

Chapter2
長寿犬になる基本の育て方 30

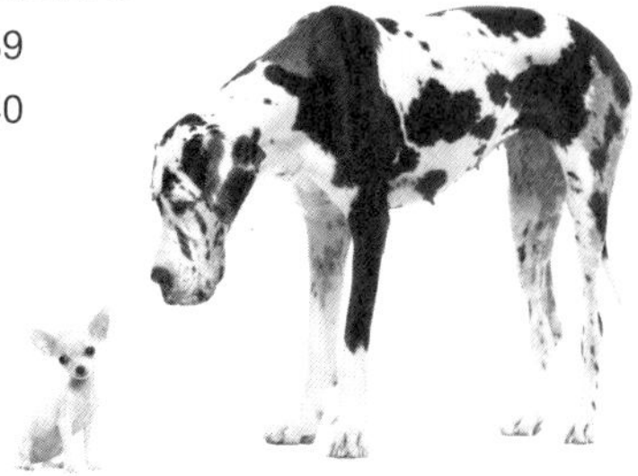

Chapter3
犬の気持ちがわかるサイン 16

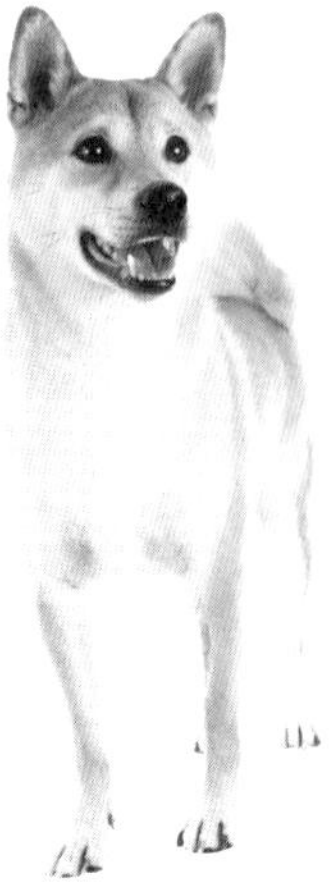

Chapter4
病気のサイン 36

Chapter5
病気とケガ 15

Chapter6
長生きが叶う最新医療事情

あるあるお困り行動Q＆A

Chapter1

知っておきたい 犬の基礎知識

犬と人間の違いを理解しよう

どこのおうちでも、ペットは家族の一員。長い間犬と一緒に暮らしていると、愛犬のことを人間と同じと感じてしまいますよね。しかし、生物学的には別の生き物。犬と人間、見た目はもちろん違いますが、ほかにはどのようなところが人間と違うのでしょうか。同じようで少し違う、犬の特徴をご紹介します。人間との違いを知り、愛する犬たちがもっと長生きできるよう心がけましょう。

違い1 犬と人間は寿命が違う

犬は人間より短命です。大型犬は生後9年前後で、小型犬は13年前後で高齢犬となります。小型犬より、大型犬のほうが寿命が短く、小型犬が14～18年ほど生きるのに対して、大型犬の寿命は8～13年ほど。何年生きられるかは個体差があり、長生きには日頃のケアが大切です。

犬の寿命

＝大型犬
約8～13年
＝小型～中型犬
約14～18年

人間の寿命

＝約60～100歳

違い2 歩行方法が違う

犬は四足歩行の動物。肉球とかぎ爪をもち、後ろ脚の親指は退化しています。四足のため体高が低く、地面の熱を直接感じやすいので夏場の散歩は体調管理を忘れずに。

違い3 犬のほうがにおいに敏感

犬の嗅覚は人間よりもはるかに敏感。常に物のにおいを嗅いで、いろいろなことを判断しています。また、柑橘類のにおいなど、人には良い香りであっても、嗅覚が鋭いぶん、犬には悪臭に感じられる場合もあるので注意したいもの。中でも、鼻の高い犬は嗅覚が敏感です。

犬の嗅覚細胞

＝約7000万～2億2000万個

人間の嗅覚細胞

＝約500万～2000万個

違い4 犬のほうが味オンチかも

犬は人間より味蕾《みらい》が少なく、味覚は鈍感と言われています。人間の味蕾が約9000個あるのに対して、犬の味蕾は約1700個。およそ5分の1です。また、塩辛いものは内臓の負担に、甘いものは肥満につながるので、薄味の食事を心がけましょう。

犬の味蕾

＝約1700個

人間の味蕾

＝約9000個

違い5 体毛のせいで犬は意外と暑さに弱い！

犬は全身を毛で覆われ、汗腺ももたないため、体温調節が意外と苦手。特に長毛種は夏場の室温調整が必須です。また、鼻が短いブルドッグなどの短吻《たんふん》種は熱を逃がす能力が低く、熱中症になりやすいのも特徴です。エアコンなどを使い、こもる熱を取り除いてあげてください。

違い6 必要な栄養素の割合が違う

犬は肉食に近い動物ですが、人間と暮らすうちに雑食性が進み、三大栄養素の割合が、人間とよく似てきました。ただ、タンパク質は人間より多く必要です。というのも、犬の筋肉・皮膚・血・骨・被毛といったものの大半を作っているのはタンパク質だからです。タンパク質には動物性のものと植物性のものがありますが、大豆やトウモロコシ、小麦などの植物性タンパク質は、犬にとって消化しにくく、アレルギーを起こすこともあるので注意が必要です。ドッグフードのほかに与える場合は、卵や鶏肉、魚などの動物性タンパク質をあげるようにしてください。

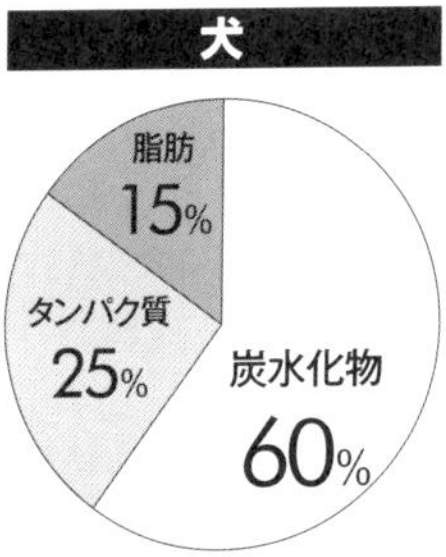

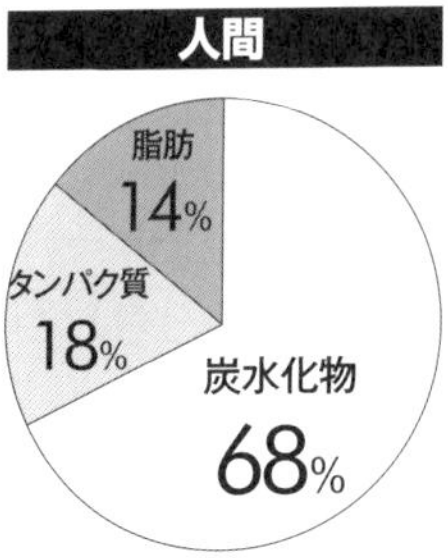

違い7 犬と人間では消化管の割合が違う

犬は肉食寄りの食生活のため食物繊維の摂取量が少なく、消化・吸収は人間より速いです。そのため体に占める消化管の重さの割合は人間よりも少なく、小腸も短め。これは、動物性の食べ物の消化に適している特徴です。

消化管の重さの割合

大型犬＝約2.7%
小型犬＝約7%
人間＝約11%

小腸の長さ

犬＝約1.7～6m
人間＝約6～6.5m

違い8 犬のだ液は消化酵素を含まない

犬のだ液は消化酵素を含みません。ほぼ咀嚼せず食べるため、消化酵素が意味をなさないからです。だ液は食べ物を飲みこむときや、体温調節に用いられます。

違い9 犬は虫歯になりにくく、本数も違う

だ液の成分が人間と異なり、犬は虫歯になりません。ただし、歯磨きをしてあげないと、歯石がたまりやすく、放置すると歯槽膿漏になるのでご注意を。乳歯は 28 本、永久歯は 42 本で、生後約 1 年で生えそろいます。歯の問題といえば、小型犬種の場合は、乳歯が残る「乳歯遺残」に要注意です。

犬の永久歯

＝42本

人間の永久歯

＝32本

犬の寿命はどれくらい？

犬の平均寿命は小・中型犬で15歳程度、大型犬で10歳程度と、小動物に比べれば長命ですが、それでも人間のように60年以上も生きられません。大型犬は7年目くらいから、小・中型犬は9～10年目あたりから老化が始まり、外見や身体機能に衰えが出てきます。大型犬で9年目、小・中型犬は13年目あたりが人間でいう約70歳。高齢犬になったといえるでしょう。高齢犬になると食も細くなり、運動能力や免疫力も低下し、病気になりやすくなるので、飼い主は細心の注意が必要です。さまざまな老化のサインを見逃さず、愛犬の体調に合わせて食事や生活を整えてあげることが大切。

犬の老化は止められませんが、飼い主のケアで老化の進行を遅くし、寿命を延ばしてあげることはできます。また、高齢犬になったら定期検診も大切。こまめな検診と日々の心がけが、愛犬の長寿につながるのです。

子犬時代

小・中型犬は約1年半、大型犬は約2年で成犬になります。好奇心旺盛なのでケガなどアクシデントに注意しましょう。先天的な疾患がないかどうか注視することが必要です。

成犬時代

成犬になり、犬がもつ性格や個性が明確に。犬に合った生活をさせ、ストレスを与えないようにしたいものです。ただし、あまりわがままにならないようしつけてください。

老犬時代

生まれて10年以上もたつと、愛犬にも衰えが見えてきます。毛の色が以前より薄くなり、老犬風の見た目に。足や目が悪くなったり、耳が遠くなったりと、老化が顕著になります。

犬の年齢と人間の年齢対照早見表

犬（小型・中型）	人間
1か月	1歳
2か月	3歳
3か月	5歳
6か月	9歳
9か月	13歳
1年	15歳
2年	24歳
3年	28歳
4年	32歳
5年	36歳
6年	40歳
7年	44歳
8年	48歳
9年	52歳
10年	56歳
11年	60歳
12年	64歳
13年	68歳
14年	72歳
15年	76歳
16年	80歳
17年	84歳
18年	88歳
19年	92歳
20年	96歳

犬（大型）	人間
1か月	1歳
2か月	3歳
3か月	5歳
6か月	7歳
9か月	9歳
1年	12歳
2年	19歳
3年	26歳
4年	33歳
5年	40歳
6年	47歳
7年	54歳
8年	61歳
9年	68歳
10年	75歳
11年	82歳
12年	89歳
13年	96歳
14年	103歳
15年	110歳

犬は大人になると成長速度が変わる

小型・中型犬の
3年目以降

人間に換算すると1年目で約15歳、2年目で約24歳に成長します。3年目以降は1年で4歳くらい年をとると考えられています。

大型犬の
2年目以降

大型犬は1年で約12歳まで成長。2年目以降は人間に換算すると1年で7歳くらい年をとるとされています。

犬がかかりやすい病気は？

日本人の暮らしが進化し、犬たちを取り巻く環境も変化しました。犬の食生活が向上したのに加え、医療環境が整ったペットクリニックも増え、愛犬たちの寿命は年々延びています。その一方で、人間の生活習慣病のような病気も増えているそうです。先天的な疾患を除くと、特に多いのがガンや心臓病、糖尿病など。これらには肥満や生活習慣、ストレスが大きく影響しています。適度な運動はもちろん、肥満にならない食生活、ストレスを極力取り除くなどして、愛犬の環境を整えましょう。特に、肥満は飼い主が気をつけてあげることで防げるのです。犬は自分の考えでおやつを我慢したりすることはできません。おやつなどほしがると、ついあげてしまいがちですがぐっと我慢。ぜひ飼い主が気をつけてあげたいところ。また、小～中型犬では５歳、大型犬では３歳以降は定期検診を意識して、加齢とともにそのチェックサイクルを短くしていくといいでしょう。

心臓病

老化による心臓機能低下が引き金に

心臓の働きが悪くなると全身に血液が送りにくくなり、肺に水がたまったり、むくみが起こることがあります。頻繁に咳が出る、運動で呼吸困難になる、疲れやすい、お腹や脚がむくむような症状が出たら、一度検査を受けましょう。小型犬は僧帽弁閉鎖不全症《そうぼうべんへいさふぜんしょう》に、大型犬の場合は心筋症などにかかりやすくなると言われています。

主な心臓病　心不全、僧帽弁閉鎖不全症、心筋症

ガン

ガンは早期発見・早期治療がカギに

高齢犬の死亡原因の約半数はガンと言われるほど、かかりやすい病気です。腫瘍には悪性と良性の２種があり、悪性で多いのは皮膚ガンや乳腺腫瘍《にゅうせんしゅよう》、骨腫瘍《こつしゅよう》など。ガンの兆候としては嘔吐や下痢、しこりなどがあります。異変を感じたら獣医師に相談を。ただし、初期では判定が非常に難しく、ほかの疾病の可能性も。

かかりやすいガン　**皮膚ガン、乳腺腫瘍、扁平上《へんぺいじょう》皮《ひ》ガン、骨腫瘍**

糖尿病

肥満にならないことが一番大切

犬の糖尿病はインスリンの働きの悪化が原因です。インスリンの分泌が低下しているため、糖が細胞内に取り込まれずに血液中に増え、尿として排泄されるのです。食べているのに痩せる、多飲多尿などの症状があればご注意を。糖尿病が進行すると白内障や腎炎《じんえん》になりやすくなります。糖尿病を防ぐには肥満にならないことが肝要です。

主な合併症　**白内障、腎炎**

呼吸器疾患

咳や荒い息、呼吸困難に注意を

意外と多いのが呼吸器疾患。特に肥満の小・中型犬に多いのが気《き》管虚脱《かんきょだつ》です。気管を支えるはずの軟骨や、膜が変形したことで気管が潰れ、呼吸困難を引き起こします。慢性的な咳や荒い息づかいが特徴です。軽症なら気管拡張剤で治療し、重症の場合は手術を行います。このほか、老犬に多い肺炎・気管支炎にも注意。

主な呼吸器合併症　**気管虚脱、気管支炎、肺炎**

感染症

ワクチン接種が劇的に効く

狂犬病は、海外での感染事例を除いて、1956年以降は国内で発生していませんし、上下水道の整備で蚊の発生が大幅に減ったことから、フィラリアにかかった犬はあまり見なくなりました。テクノロジーの発達とともに、感染症や寄生虫は珍しくなってきたといえるでしょう。しかし、感染症自体がまったくなくなったというわけではありません。特に、高齢犬の場合は感染すると命を落とす可能性もあります。狂犬病以外のワクチン接種は任意ですが、外飼いや散歩でほかの犬と遊ぶ場合は、予防接種を受けておくと安心です。ガンや先天性の病気などと違い、予防接種を受ければ防げるのも感染症の特徴です。犬の長生きのための保険として、ぜひ接種してほしいと思います。

主な感染症

狂犬病

狂犬病ウイルスに感染すると犬の性格が豹変。凶暴になるためこの名前に。狂犬病は人間をはじめとする哺乳類すべてに感染し、治療法はありません。いったん発症すると100％死亡するおそろしい感染症です。法律でも、毎年の狂犬病の予防接種は義務づけられており、確実な接種を。

フィラリア

フィラリアに感染した蚊に犬が刺されることで発生。犬の心臓にそうめん状の成虫が寄生してしまい、これが徐々に増殖します。心臓などに負担をかけ、中には死に至ることも。フィラリア予防には飲み薬や注射が効果的です。どちらかお好みのほうを、獣医師に相談して投与しましょう。

ジステンパー

ジステンパーウイルスに感染している犬からの飛沫・接触感染のほか、ブラシや食器などの共用で感染。発熱、食欲不振など風邪に似た症状が出ます。進行すると、けいれんや眼球の異常などの症状が現れてきます。この段階になると、ほぼ助からないのでワクチン接種で感染予防を。

犬パラインフルエンザ（ケンネルコフ）

ジステンパーと同じく、感染経路は接触感染や飛沫感染など。咳や発熱を起こし、呼吸困難に陥ることもあります。成犬の場合はそこまでひどくなりませんが、子犬や老犬の場合は重症化しやすく、死亡例もあるので要注意。ワクチン接種が効果的。別名ケンネルコフとも呼ばれています。

知っておけば
早期発見！

年齢別かかりやすい

0歳

食道炎、食道閉塞、巨大食道症など消化器系の病気

皮膚炎（アトピー性・アレルギー性）、湿疹、蕁麻疹など皮膚の病気

1歳

食道炎、食道閉塞、巨大食道症など消化器系の病気

皮膚炎（アトピー性・アレルギー性）、湿疹、蕁麻疹など皮膚の病気

2～4歳

皮膚炎（アトピー性・アレルギー性）、湿疹、蕁麻疹など皮膚の病気

5歳

口内炎、歯周病、不正咬合など歯および口腔の病気

6歳

子宮蓄膿症、膣炎、乳腺炎、精巣炎など生殖器の病気

7歳

腎不全、ネフローゼ、水腎症、膀胱炎など泌尿器の病気

8歳

僧帽弁閉鎖不全症、心筋症、心タンポナーデなど循環器の病気

9歳

肝炎、肝機能不全、胆石症、膵炎など肝・胆道・および脾の病気

子宮蓄膿症、膣炎、乳腺炎、精巣炎など生殖器の病気

腎不全、ネフローゼ、水腎症、膀胱炎など泌尿器の病気

てんかん、水頭症、髄膜脳炎、麻痺など神経系の病気

脂肪腫、リンパ腫、血管肉腫など腫瘍の病気

病気年表

10歳以降

僧帽弁閉鎖不全症、心筋症、心タンポナーデなど循環器の病気

気管支炎、鼻炎、肺炎、喘息など呼吸器系の病気

肝炎、肝機能不全、胆石症、膵炎など肝・胆道・および脾の病気

腎不全、ネフローゼ、水腎症、膀胱炎など泌尿器の病気

子宮蓄膿症、膣炎、乳腺炎、精巣炎など生殖器の病気

てんかん、水頭症、髄膜脳炎、麻痺など神経系の病気

結膜炎、角膜炎、白内障、緑内障など眼および付属器の病気

口内炎、歯周病、不正咬合など歯および口腔の病気

骨折、関節炎、椎間板ヘルニアなど筋骨格の病気

貧血、リンパ節炎など血液・免疫の病気

糖尿病、副腎皮質機能亢進症など内分泌の病気

ジステンパー、犬アデノウイルス、犬パルボウイルスなどの感染症

回虫症、条虫症、バベシア症、フィラリア症などの寄生虫症

脂肪腫、リンパ腫、血管肉腫など腫瘍の病気

食道炎、食道閉塞、巨大食道症など消化器系の病気

犬種別 かかりやすい

ダックスフント（カニーンヘン・ミニチュア・スタンダード）	チワワ	プードル（トイ・ミニチュア・ミディアム・スタンダード）
●椎間板ヘルニア ●免疫異常 	●水頭症 ●関節疾患 ●気管虚脱 	●関節疾患 ●皮膚疾患 
柴犬	ヨークシャー・テリア	ポメラニアン
●皮膚疾患 ●網膜萎縮 	●関節疾患 ●膝蓋骨の脱臼 	●関節疾患 ●水頭症 
ミニチュア・シュナウザー	マルチーズ	シー・ズー
●免疫異常 ●関節疾患 ●皮膚疾患 	●心臓疾患 ●関節疾患 	●皮膚疾患 ●角膜外傷 
パピヨン	ゴールデン・レトリーバー	フレンチ・ブルドッグ
●白内障 ●難産 	●白内障 ●皮膚疾患 	●脊椎形成異常 ●皮膚疾患 ●難産 

病気一覧

ジャック・ラッセル・テリア	**ラブラドール・レトリーバー**	**ウェルシュ・コーギー・ペンブローク**
●皮膚疾患 ●目の病気 	●白内障 ●皮膚疾患 	●椎間板ヘルニア ●肥満による内臓疾患 
ミニチュア・ピンシャー	**キャバリア・キング・チャールズ・スパニエル**	**パグ**
●目の病気 ●心臓疾患 	●白内障 ●関節疾患 	●皮膚疾患 ●角膜外傷 ●関節疾患 
ビーグル	**ペキニーズ**	**ボーダー・コリー**
●肥満 ●白内障 ●皮膚疾患 	●目の病気 ●呼吸器疾患 ●関節疾患 	●皮膚疾患 ●目の病気 ●関節疾患 
バーニーズ・マウンテン・ドッグ	**イタリアン・グレーハウンド**	**シェットランド・シープドッグ**
●関節疾患 ●目の病気 	●骨折 ●関節疾患 	●外耳炎 ●皮膚疾患 ●関節疾患 

犬の肥満予防をしよう

犬には健康管理という概念はありません。ですから、食べたいものを好きなだけ食べてしまいます。可愛いから、お腹が空いたらかわいそうだからという理由で、欲しがるだけ食べ物を与えていると、あっという間に太りすぎに……。肥満は内臓疾患のほか、関節炎や椎間板ヘルニアの原因になります。その結果、大切な愛犬が病気で苦しんだり、長生きできないという結果になることもあるのです。愛犬に長生きしてもらうためにも、食事は飼い主がしっかり管理してください。

犬のBCS

犬の体型の目安が BCS（ボディコンディションスコア）です。BCS 3の理想的体型を目指してください。痩せすぎ、太りすぎは病気の可能性も。ただし、特殊な犬種の場合はスタンダードに準じてください。

BCS1 痩せ	BCS2 やや痩せ	BCS3 理想的	BCS4 やや肥満	BCS5 肥満
上、横から見ると、ろっ骨、背骨、大腿骨が浮き上がっていて、目視できる。腰は急激にくびれて、手で触ると骨がゴツゴツと当たる。	上から見るとわずかに腰がくびれ、手で触るとろっ骨がはっきりとわかる。横から見るとお腹が引っ込んで吊り上がっている。	ろっ骨を外から見ることはできず、触ると触れることができる。横から見るとお腹はゆるやかに吊り上がり、わき腹にひだができる。	背中に脂肪がうっすらついているが、ろっ骨を触ることはできる。腰のくびれが少なく、横から見るとわき腹に脂肪がついている。	ろっ骨は見ることも触ることもできない。横から見るとお腹の吊り上がりはなく、丸い印象。わき腹のひだが垂れ下がり、歩くと揺れる。

犬のカロリー必要量の例

体重（kg）×0.75の2乗×各ステージの係数（離乳期274、成犬中期200、成犬期132）で、1日のカロリー必要量が算出できます。体重10kgの成犬なら、10 × 0.75 × 0.75 × 132 ＝ 742kcalとなります。また、このカロリー表はあくまで一例。カロリー必要量は個人差が激しいので、参考にするにとどめてください。飼い主さんは、キチンと決まった量のフードを与え、余計なおやつなどを控えましょう。その結果の体重変化によってフードの量は犬ごとに調節していきます。しばしば、マニュアルを盲信して個体差調節をせず、太りすぎ／痩せすぎの犬がみられることもあるので、迷ったらかかりつけの獣医に、食事パターンの指示を仰ぎましょう。

体重(kg)	離乳期	成犬中期	成犬期
1	274		
2	461		
3	625		
4	775		
5	916	669	441
10	1541	1125	742
15	2088	1524	1006
20	2591	1891	1248
25	3063	2236	1476
30	3512	2564	1692
35	3943	2878	1899
40	4358	3181	2100
45		3475	2293
50		3761	2482
55		4039	2666
60		4312	2846
65		4578	3022
70		4850	3194
75		5097	3364
80		5350	3531
85		5599	3695
90		5844	3857

（kcal/日　※参考値）　出典：環境省「飼い主のためのペットフード・ガイドライン」より

予防法1 なんだかデブになってきたと思ったら

成犬になると基礎代謝が落ち、過食や運動不足により肥満に陥ります。徐々に太っていきますので気づきにくいのですが、肥満は糖尿病などさまざまな病気につながるので絶対にNGです。体重の増加にはご注意を。また去勢・避妊手術をすると犬は太りやすくなります。特にレトリーバーやシェットランド・シープドッグ、ビーグルなど、太りやすい犬種は注意です。明確にどこか関節を痛めていないのであれば、負荷をかけないようなトボトボ歩きで、本人が疲れて座り込まない程度の中距離の散歩をゆっくりと行うことをおすすめします。

24ページのBCSで「BCS5」以上に太ると、糖尿病やヘルニアなど病気になる可能性が高まります。すぐにダイエットを開始しましょう。

予防法2 むやみに散歩させるのはNG!

愛犬が太ったなと思ったらダイエットを。犬のダイエットは食事制限がメインです。無理な運動は禁物。増えた体重が脚に負担をかけ、関節にダメージを与えるほか、ヘルニアの原因になります。特に短足犬種のダックスフントやコーギーは、太りやすい上にヘルニアを誘発しやすいもの。激しい運動はヘルニアのリスクをさらに高めます。気分転換のお散歩程度にとどめましょう。

予防法3 ダイエットに最適な食材って？

食いしん坊の犬は食事量を減らすとストレスになることもあります。そんなときは低カロリーの野菜をフードに混ぜてカサを増やすことがおすすめです。レタス、キャベツ、にんじんなどを茹でて混ぜてください。きのこやしらたきもいいですが、消化されずに便に混じって出てくるので寄生虫と間違えて慌てないように気をつけてください。寒天もダイエット向きの食材ですが、与えすぎるとお腹がゆるくなります。軟便が続いたり下痢をするときはほかの食材に替えます。大幅な減量をするとき、素人判断で痩せさせるのは栄養と体調管理に不安があります。事前に獣医師のアドバイスを受けて安全なダイエットを心がけましょう。低カロリーのダイエットフードを利用すると栄養面の不安は少なくなります。年齢や体調に応じて銘柄を選んでください。

おすすめの増量用食材

おすすめ増量食材	与え方
みじん切りにした野菜 **（キャベツ、大根、レタスなど）**	胃もたれを起こす可能性があるので、野菜は小さく刻んで。茹でても良いがカサが減るので、増量目的の場合は生がおすすめ。生だと調子が悪くなるようなら茹でてから与えてください。
数㎜のさいの目に切った寒天	カサを増やせる寒天。小さく刻んで与えましょう。ただ、量が多いとお腹を壊す可能性もあるので加減をして。
しらたき	茹でてアクを抜いてから、長さ1～2㎝のぶつ切りに。

予防法4 犬のダイエットに必要な運動量とは

犬が必要とする運動量は人間が考えているよりもずっと多いものです。たとえば、牧畜犬であるシェットランド・シープドッグやボーダー・コリーを、運動だけで肥満を防止するには、毎日広大な牧場で1日中、全力で走り回らせることができなくてはなりません。ほかの犬種も程度の差こそあれ、想像以上の運動量が必要です。リードにつないでお散歩、たまにドッグランといった運動量ではエネルギーを消費することはできません。

運動量が必要な狩猟犬&牧畜犬

- アイリッシュ・セッター
- シェットランド・シープドッグ　など

予防法5 肥満犬ほど運動はNG！

すでに太っている犬の場合は運動の前に食事制限で体重を落とすことが先です。関節への負担はもちろん、心臓や呼吸器にも悪影響を及ぼします。太っているほど心不全も起こしやすく、肥満犬が張りきって運動したらパタリと倒れて急死するという事故がしばしばあります。また、階段や段差から飛び降りたときに、自分の重みで骨折することも。「おデブちゃんの運動には危険がいっぱい」と考えてください。

太りやすい犬種

- レトリーバー種
- シェットランド・シープドッグ
- ビーグル　など

予防法6 犬用プールはダイエットに有効

人間のダイエットに「水中ウォーキング」がありますが、これは犬にも非常に効果があります。水の抵抗によって負荷がかかるため消費エネルギーが大きくなり、浮力が働いて関節への負担もかかりません。毎日行えばダイエット効果は期待できます。問題は施設が少ないことと、利用料が高価でコンスタントに続けられないこと。かといって「プールがいいのか」と安易な気持ちで川や海で泳がせるのはやめてください。溺れる危険もありますし、寄生虫がつくおそれもあります。必ずインストラクターがいる施設を利用してください。動物病院によっては、関節疾患からの回復を促すためにプールに似た水中歩行器を使ってリハビリ治療を行うこともあります。

おデブちゃんでも安全にエクササイズできる

水中での運動はラクチンで効果抜群。浮力で体重が軽くなるから肥満犬でも体への負担が少なくなります。ただし、健康状態や犬種によって適した深さや運動量が違います。インストラクターの指導のもとで行ってください。

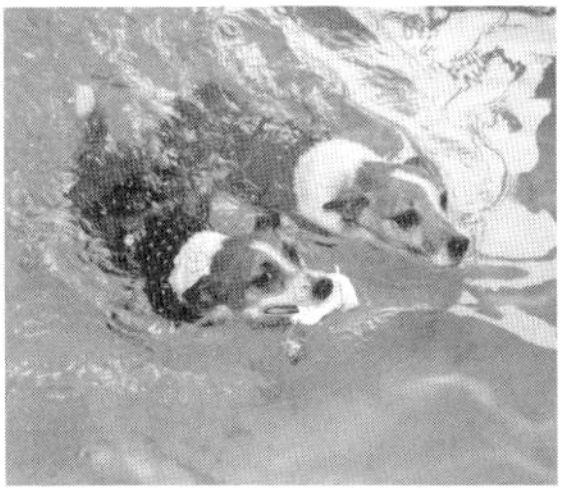

写真は「JOKER 綱吉の湯」
東京都江東区青海 2-6-3
03-3520-2744 より。

※ご予約制になっておりますので、ご利用の際は事前にお電話ください。
年齢や体調によってはご案内できない場合があります。

愛犬の健康チェックリスト

愛犬の健康管理に役立てたい、いくつかの項目をまとめました。
毎日の暮らしの中で、いつもと違うことがないか
変化に目を向けることが大切です。

毎日
確認したいこと

愛犬を長生きさせるのに大切なのは、日々の健康確認です。何か変わったところがないか、確認しながら毎日を過ごせば、トラブルを未然に防いだり、早期発見につながります。

□ 元気

動きにおかしなところがないか、目や耳、しっぽなどの感情表現が弱くなっていないか？

□ 食欲

食べる速さが落ちていないか？ 食べこぼしや、口や歯に変わったところはないか？

□ 便

色やにおい、回数や硬さ、所要時間など何か変化はないか？ 便に異物が潜んでいないか？

□ 尿

色やにおい、回数、勢い、キレなどに異常は感じられるか？ 所要時間が長くなっていないか？

□ ブラッシング

短毛種は毎日でなくてよいが、長毛種は毎日ブラッシングを。抜け毛やツヤ、地肌に炎症がないかも確認。

□ 動作

どこかをかばう歩き方をしていないか？ 特定の動作を嫌がったり、痛がったりしていないか？

□ 目

異様な充血や目ヤニ、まぶたなどに異常はないか？　目は左右対称か？ 黒目に濁りが出ていないか？

□ 四肢の先端

肉球や爪に傷や欠損はないか？
皮膚炎などを起こしていないか？

半月〜月1回
確認したいこと

毎日確認するほどではないが、月に1回程度はチェックしておきたい項目がこちら。定期的に行うことで少しずつ愛犬が変化していることが確認できます。ノートにメモを残すのも効果的です。

☐ **耳**

汚れがたまっていないか？ においや赤味はないか？ かゆそうにしていないか？

☐ **シャンプー**

室内飼育の場合は半月〜1か月に1度はシャンプーをして。耳や皮膚に変化がないか確認。

☐ **発情のサイクル**

異常に早かったり遅かったりしないか？ 陰部から膿が出ていないか？ 粘膜の色に異様なところはないか？

☐ **全身の皮膚**

汚れやにおい、脱毛、外傷、腫物など、目立った変化はないか？ 数日に1回は腹部など全身を触って確認。

☐ **体表のしこり**

皮膚や乳腺に腫瘍を思わせる腫物はないか？ リンパや骨、関節の変形はないか？ 全身を触って確認。

☐ **口内**

歯石がたまっていないか？ 歯肉炎はないか？ 口の中に腫瘍ができてないか？

☐ **体重**

多少の体重の増減は問題ないが、食事内容が変わらないのに大きく変動していたら何か原因がある可能性が。

☐ **肛門腺**

お尻にある肛門腺。この内分泌液は放っておくと炎症を起こす場合があるので、シャンプー時にお掃除を。

☐ **爪**

爪が長すぎないか、割れていないか確認。また、偏った摩耗が起こっていないか？

年に1回
確認したいこと

かかりつけの獣医師のところで確認したいのがこちら。人間と同様、年に1度は健康診断を行いたいものです。高齢犬には負担が大きい検査などは、先生と相談しながら進めましょう。

☐ **胸部・腹部のレントゲン**　☐ **血液検査**

☐ **尿検査**　☐ **検便**

Q 人を噛んでしまう癖があります

A 犬の年齢に応じて適切に対応を

歯が生え変わる時期の子犬は、歯がむずがゆく噛んでしまうことが多いものです。ガムやおもちゃなど噛んでもよいものを与えて、一緒に遊んでください。成犬の場合は噛んで騒ぐ飼い主を見ておもしろがっていることが多いもの。ノーリアクションを貫き、どうしても直らないなら専門家に相談を。放置すると咬傷事故につながります。

子犬には噛めるおもちゃを与えて静観を。噛まれたときに騒ぐと犬がおもしろがり、噛み癖が直らなくなります。

成犬の場合は、万が一他人を噛むと殺処分されるおそれもあります。犬のためにも専門家に相談して早く直して。

Chapter2

長寿犬になる基本の育て方30

心身ともに健康であることが長生きに有効

犬も人間も老化を防ぐことはできません。しかし、クリニックの医療体制や飼い主の意識の向上など、さまざまな環境が整ったいま、愛犬を長生きさせるために努力することはできます。

「住環境」や「食生活」を整え、「定期検診」をまめに受けさせ、愛犬にとってベストな環境づくりを心がけたいもの。特に、病気の初期症状は飼い主しか気づいてあげられません。異変を感じたらすぐに獣医師に相談するか、診察を受けたいものです。

愛犬の長寿にまず欠かせないのは、犬の体に合った食生活です。バランスのいい食事を体に合った量だけ与えてあげましょう。その際、食べすぎには注意したいもの。肥満はさまざまな病気を引き起こします。次に、異変には早く気づいてあげるということ。犬は人間の言葉を話せませんから、日常

的な観察とスキンシップで愛犬の異変に気づいてあげることが大切です。異変に気がついたらすぐにかかりつけ医師に相談しましょう。また、人間同様、犬もストレスは大敵です。適度な広さの場所で飼い、散歩など規則的に運動をさせてください。連日の留守番もストレスになるので、不在時間を短くするなど、対処法を考えたいもの。

さらに、適度な「しつけ」も犬の長生きを助けます。犬への接し方を間違えると、分離不安（飼い主を溺愛し、離れられない状態）や、権勢症候群（飼い主を自分の手下だと思う状態）などの問題行動を起こしやすくなります。

このような点に気をつければ、より健康＆長寿が期待できるはずです。

01 犬の性格は生まれつき3割、環境7割

犬の性格は犬種がもつ特性が３割で、残りの７割は環境で決まります。たとえば犬種図鑑に「独立心が強くお留守番がしやすい」と書かれているチワワでも、飼い主がべったりといつも一緒に過ごしているうちに甘えん坊に育つことはよくあります。ですから、「おとなしい犬が欲しい」「飼いやすい犬が欲しい」という理由で特定の犬種を選んで飼っても、図鑑通りの性格に育つとは限らないのです。

犬はどんな飼い主と出会い、どんな環境で育つかによって性格が変わっていきます。犬種を選ぶときは図鑑の説明は参考程度に考えたほうがいいでしょう。ミックス犬、ハーフ犬も同じで、成長過程で性格が決まっていきます。

犬の性格は生後６か月までにどんな経験をするかによって大きく変わってきます。しっかり育て方を考えたいものです。

02 相談するなら悩みや性格に合わせてトレーナーに

愛犬の安全と長生きを第一に考え、飼い主と犬の間に良い関係性を築くのがしつけの第一歩。環境によっても育て方は変わってきます。

日本では、「犬を飼ったら必ずしつけ教室に行き、飼い主とともに学ぶ」という文化はまだ根付いていませんが、いざというときに相談に乗ってもらえるトレーナーを探しておくと安心です。できれば子犬のうちからトレーナーのもとに行っておくと、犬の個性も把握してもらえ、的確なアドバイスがもらえます。しつけ教室に通いたい場合はパピークラスでお友だちを見つけたいのか、吠え癖や噛み癖といった何らかのトラブルを解決したいのかなどの目的を考え、そのジャンルを得意とする教室やトレーナーを探しましょう。また、良いトレーナーは飼い主にもきちんと犬との付き合い方を教えてくれます。あなた自身との相性が良い人を選ぶことも大切です。

03 愛犬のための ライフスタイルを整える

犬を飼おうと決めたら、できるだけ犬を迎える前に自分のライフスタイルを犬との暮らしと照合しておきましょう。引っ越しや転職の予定があるのなら、先に済ませておき、落ち着いてから犬を迎える、仕事のスケジュールを犬の留守番時間に合わせて調整しておくといったことです。

もし、急に犬を迎えることになったら子犬のうちに留守番時間や運動時間などを決め、生活パターンを確立させておくのがベスト。犬は環境の変化にストレスを感じやすい動物です。成犬になってからの急激なライフスタイルの変化は避けてください。

大型犬

- 毎日、運動時間を確保できる？
- 寿命は短めだよ
- 餌代、医療費、トレーニング費など金銭面は十分？
- しつけはきちんとできる？
- 移動用の車はある？

小型犬

- 留守番時間はどれくらい？
- 途中で転職する予定は？
- 結婚、出産のときはどうする？
- トリミングの必要は？
- 15年近く寿命があるよ

04 犬は室内飼いがおすすめ

犬は室内飼育がおすすめ。家族と常に一緒にいられるので病気やちょっとした異変にもすぐに気がつくことができ、対処が可能になります。また、人間が暮らす快適な部屋は犬にとっても健康的に過ごせる場所ですし、ストレスもたまりません。

番犬として犬を飼う場合は屋外飼育がほとんどになると思います。その場合、寒暖の差はもちろんのこと、外から人にいたずらをされないように注意を。愛犬が快適に過ごせる犬舎を用意し、真夏や真冬、悪天候の日は家に入れてあげてください。できれば犬舎は別荘として考え、状況に応じて室内と屋外を自由に行き来できるようにするのがベストです。

大型犬でも8畳程度の広さがあれば飼育可能です。ただし、散歩を十分に行わないと運動不足や、ストレスにつながるので注意しましょう。

05 犬目線で室内を片づけて

犬と過ごす室内はきちんと片づけておきましょう。とはいっても、人間の考えで整理整頓をするだけでは不十分。犬は時々、考えられないような事故を起こします。誤飲、誤食の原因となる人間の食べ物や薬、化粧品は犬がいじれない引き出しにきちんとしまってください。飲み込みやすいボタンや乾電池、ケガのもとになる刃物も同様です。特に人間に処方される精神病・心臓病の薬、痛み止めなどに含まれる成分は犬には危険ですので、十分注意してください。ゴミ箱はふたつきのものにすると安心できます。また、浴室やランドリーのドアはきちんと閉める習慣をつけてください。うっかり入り込んで水を張ったバスタブで溺れたり、留守中に閉じ込められてしまうこともあります。

トイレットペーパーや毛糸はまだしも、洗剤や花なども犬にはとても危険。スズランなどは致命的な毒をもつので、高い場所に置きましょう。

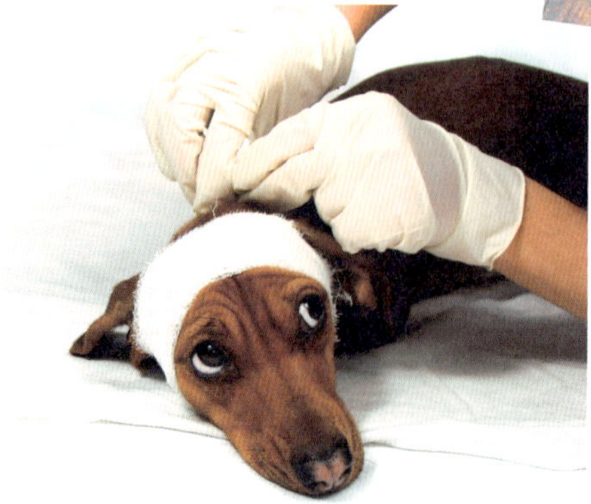

戸棚やゴミ箱を倒してケガをする場合もあるので、家具の配置には注意しましょう。重大なトラブルは速やかに獣医師のもとへ。

06 愛犬が喜ぶ撫で方

　撫でることはもっとも簡単で大切なスキンシップです。日頃から愛情を込めて撫でてあげましょう。犬を撫でてあげるときは撫でる部分や撫で方にもポイントがあります。愛犬が可愛くてたまらないときによくやりがちな頭や首をわしゃわしゃとする撫で方は犬を興奮させます。遊ぶときはいいですが、しつけ中にこの撫で方をするとテンションが上がって収拾がつかなくなることも。病院や知らない場所で怯えている犬を落ち着かせたいときや、しつけがうまくいってほめてあげるときは首から胴、尾の付け根までを手のひら全体を使ってゆっくりと撫でてあげてください。長いストロークで撫でるのが落ち着かせるコツです。

愛犬を
落ち着かせたいときは

首から胴にかけて

競馬のジョッキーが馬にするように、首から胴体にかけて長いストロークで撫でると、とても気持ちいいのです。ポンポンと叩くのもOK。

愛犬と
楽しみたいときは

頭・首

思いっきり遊びたいときは頭や首をわしゃわしゃ。犬もうれしくなってはしゃぎます。ただ、ここを触られるのが嫌いな子もいるので注意。

07 歯磨きの仕方

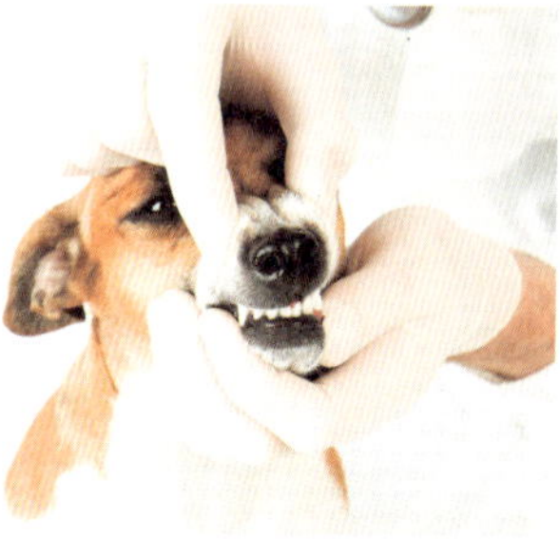

まずは口を触られるのに慣れさせることから

子犬の頃から口を開けること、触られることに慣れさせます。濡らして絞ったガーゼで歯の周りを軽く拭うことからスタート。

↓

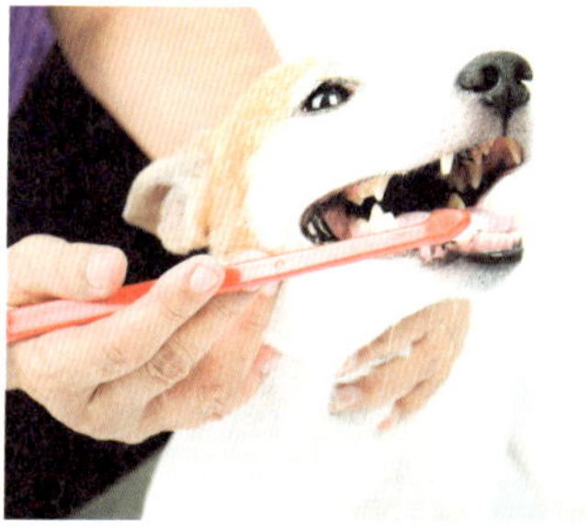

慣れたら歯ブラシにチャレンジ！

犬用の歯ブラシで軽くこすります。痛いと歯磨きが大嫌いに。どうしてもイヤがる子は無理にやらず、検診の強化で対応を。

歯石がたまるのを防ぐため、できれば１日１回はお口のお掃除を。犬は口の中を触られることを嫌いますから、子犬のうちから口をいじられることに慣らしておきましょう。歯ブラシを怖がる子は、濡れたガーゼで口を拭うだけでもOK。ただし、歯磨きをしていても体質的に歯石がたまりやすい子もいます。定期的に動物病院で検査をし、必要なら除去してもらってください。歯石がたまりすぎると歯周病を発症します。

歯磨きガムは使ってOK？

固いものをかじると、歯の周辺にこびりついたカスが取れ、歯石予防に役立ちます。ただ、過度な期待は禁物。あげないよりはマシ程度に考えて。また、食べられるガムはカロリーオーバーの原因にもなるので、与えすぎに注意。

08 爪切りの仕方

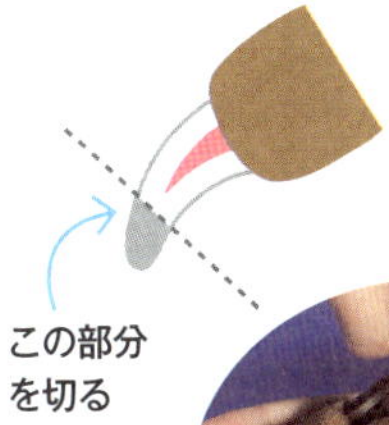

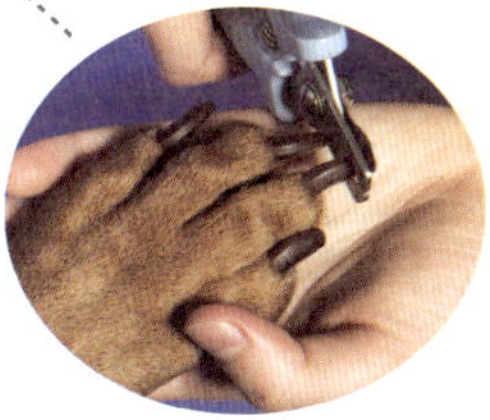

黒い爪は血管が見えないので要注意。
出血したら慌てず圧迫して止血を。

犬の爪は４本足で棒立ちした静止姿勢のときに、爪が床に触れるか触れないか、１～２㎜宙に浮くぐらいの長さが望ましいです。それより伸びて布にひっかかるようだと、爪を折ったり、はがれるケガにつながります。切るときは爪を光に透かし、専用の爪切りで透けて見える血管の手前まで切ります。通常、歩くときに音がせず、床に傷が付かないほどに切り詰めることはできません。

深爪をするとかなり大量に出血し、痛がりますから注意してください。万一、深爪をした場合はティッシュペーパーやタオルで強く圧迫して止血。自信がないときは獣医師やトリマーに頼むほうが無難です。爪切りだけならそれほど費用はかかりません。運動量が多く、アスファルトの上を長時間歩く中～大型犬は自然に爪が削れている子がほとんどです。その場合、地面につかない親指以外の爪切りは不要です。

09 ごはんのあげ方

食いしん坊の犬はとっても可愛いし、見ているだけでも幸せになります。けれど人間同様、好きなものを好きなだけ食べていたら病気になってしまいます。飼い主がきちんと管理しましょう。

基本は１日２食ドッグフードでOK

生後２か月頃の子犬は少量を４～５回に分けて、成長に応じて回数を減らし、１歳を過ぎたら朝・晩の１日２食にするのが犬の食事の基本です。犬にとって必要な栄養素がすべて含まれているドッグフードを与えるのが一番安心です。年齢や犬種に応じた質のいいドッグフードを選んでください。野菜をあげる場合は、消化のためミキサーなどで細かく砕いてから食べさせるようにしてください。

大型犬用、小型犬用など犬種に適したドッグフードを与えましょう。与える量はパッケージの説明書きを目安にしてください。

おやつのあげすぎに注意

愛犬の体質に合ったドッグフードを与えていればすべての栄養が満たされます。ですから原則としておやつは不要。ただ、完全に禁止してしまうのも味気ないものです。たまのごちそうとして与えたり、しつけのご褒美に少量ずつあげるのは許容範囲。食べすぎを防ぐため、ペットフードメーカーが出している犬用クッキーや自家製の茹で肉などを細かく一口大に切ってあげてください。犬用のものでもおやつは高カロリーなことが多く、与えすぎは肥満を招きます。また、人間用のお菓子は絶対に与えてはいけません。糖分・塩分が過剰な上、製造過程で犬にとって有害な食材が使われていることがあります。

おやつはしつけのご褒美に、少しずつ与えてください。質のいい低カロリーなものを選ぶことも重要です。

メニューは変えなくてOK

食べていて下痢や肥満が起こらず健康上の問題がなければ、ドッグフードを変える必要はありません。ただ、近ごろは年齢に応じたドッグフードを与えることが一般的になっています。子犬から成犬、成犬から老犬へとさしかかったときには、様子を見ながら適したものに変えていくといいでしょう。急に銘柄を変えると食べなくなる犬もいます。その場合は以前のフードに新しいものを少しずつ混ぜて慣らしましょう。腎臓病や心臓病、極端な肥満などの問題がある犬は医療食に変える必要があることも。症状や病気によって適したフードが異なります。まず獣医師に相談して指示を仰いでください。

何らかの事情でフードを替えると、食べなくなることも。これまでのフードに混ぜながら切り替えていきましょう。

牛乳は避けたほうが無難

ペット用ミルクのほか、ヤギ乳（ゴートミルク）もOK。ただし水代わりに飲ませるのはNG。

ほとんどの犬の場合、牛乳を飲むと下痢をします。犬は牛乳に含まれる乳糖を分解吸収することができません。お腹の弱い人が牛乳を飲むとゴロゴロする、というのとほぼ同じです。また、乳製品アレルギーを起こす危険も考えられます。たとえ牛乳でお腹をこわさなかった犬に対しても、牛乳は与えないほうが無難です。

牛乳に限らず本来、離乳後の犬にミルクは必要ありません。ミルクの風味が好きな犬に嗜好品としてたまに与えるのであれば、ペット用のミルクをあげてください。ただ、ミルクは高カロリーですから、ペット用であってもあげすぎに注意を。水代わりに飲ませるものではありません。

10 犬が食べてはいけないものとは？

犬に人間の食べ物を与えてはいけないことは愛犬家の常識です。人間の食べ物は、犬が届かない棚や戸棚にしっかり隠しておきましょう。万一、犬に良くないものを食べてしまったら、ごく少量なら様子を見ておき、下痢や嘔吐を起こすようなら動物病院で適切な治療を受けてください。

犬が食べてはいけないもの

ネギ類

長ネギ、タマネギ、ニンニク、ニラなどネギ類は犬の赤血球を破壊し、血便や下痢を引き起こします。加熱済みのものもＮＧ！

ドライフルーツ類

干した果物やしいたけなどを食べると胃の中で膨らみ、胃拡張を起こします。ひどい嘔吐が起こる危険も。

レーズン

糖分が多く、味が濃いため、胃炎を起こしやすい食べ物です。また、腎臓への毒性もあります。

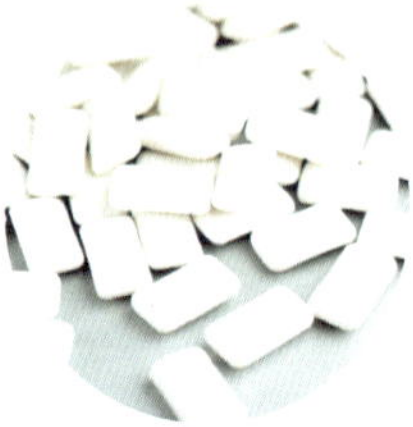

キシリトール

肝臓への毒性があり、わずかな量でも死に至る危険が大。人間のお菓子にも使われている甘味料ですが絶対にあげないで！

鶏や魚の骨

鶏の骨はかじるとナイフ状に割れ、食道や胃を傷つける危険大！　魚の骨も食道を傷つけやすいものです。

11 犬に積極的に食べさせたいもの

質の良いドッグフードはもちろん、繊維質の多いカボチャやキャベツなどを使ったスープ、タンパク質豊富な肉や魚などがおすすめです。ただし、塩分は犬の体に負担となるので味付けは不要。またビタミン豊富で整腸作用のある、リンゴやバナナなどの果物類も上手に活用しましょう。こちらは、皮や種を取り除くのをお忘れなく。

犬に食べさせたいもの

質の良いドッグフード

飼い犬の種類や年齢に合ったものを規定量与えましょう。無添加の手作りフードも注目。一緒に新鮮な水も忘れずに。

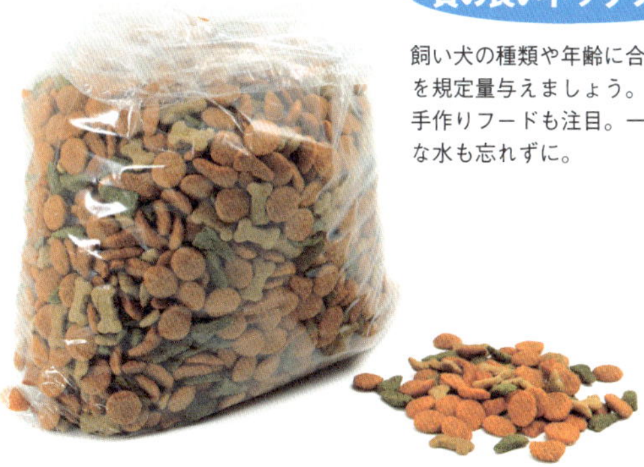

肉や魚

タンパク質は骨や筋肉の維持のため積極的に与えたいもの。必ず加熱してから。

12 危険なドッグフードの見分け方

最近のドッグフードは犬種、年齢、体重別に選べるようになりました。店頭には何十種類もの商品が並びますが、大別すると「総合栄養食」「おやつ」「その他の目的食」に分けられます。総合栄養食は必要な栄養を含んだフードで、後は水を与えるだけで健康が維持できます。これらには、「レギュラー」「プレミアム」などがありますが、明確な基準はありません。「プレミアム＝品質重視」程度の分類と考え、この中から「AAFCO（米国飼料検査官協会）の成犬用給与基準をクリア」とあるものを選ぶとよいでしょう。中でも有名なメーカーのプレミアム商品は安全といえます。また、添加物の多いフードより、添加物が少ないほうが安心。このあたりは愛犬の食いつき具合や予算などから、総合的に判断してください。

レギュラーフード

お寿司でいうと「並」のドッグフードのこと。安価なものが多く、品質はメーカーによりまちまちです。中には安価で良質な商品もあります。

プレミアムフード

こちらは「上」のドッグフードのこと。しかし、プレミアムの中でも粗悪な肉や小麦、トウモロコシを配合して使っている場合もあるので注意が必要です。

ドッグフードの表示の見方

目的は？

「総合栄養食」は栄養バランスが整えられた犬用フードのこと。間食用などは「おやつ」と表示されることが多く、サプリメントなどは「栄養補助食品」とされる場合も。

栄養成分はどのくらい含まれてる？

フードに含まれる主な栄養素や水分量がパーセンテージで表示されています。また、メーカーによってはカロリーも表記されています。

いつまでに食べればいいの？

メーカーから指定された保存条件で、未開封のまま保管した場合の賞味期限です。この場合は2016年12月14日までが賞味期限になります。

ドッグフード

- 成犬用総合栄養食
- 内容量：3kg
- 与え方：成犬体重1kg あたり1日○○gを目安として、1日の給与量を2回以上に分けて与えてください。
- 成分：粗タンパク18%以上、粗脂肪5%以上、粗繊維質5%以下、粗灰分8%以下、水分12%以下
- 原材料：穀物（とうもろこし、小麦）、肉類（ビーフ、チキン）、動物性油脂、野菜類（ほうれん草、にんじん）、ミネラル類（P、Ca）、ビタミン類（A、B、C）、酸化防止剤
- 賞味期限：20161214
- 原産国：日本
- 販売者：宝島ペットフード株式会社
〒100-0000　千代田区半蔵門0-0-0
製品に関するお問合せ
00-9876-5432

この商品は、ペットフード公正取引協議会の定める給与試験の結果、成犬用の総合栄養食であることが証明されています。

どんな**原料**を使ってる？

使用した原材料や添加物を表示。この場合は「酸化防止剤」が添加物となります。良心的なメーカーは原材料の産地を明記していることもあります。

検査は受けている？

この場合は日本のペットフード協会の検査を受け、成犬用総合栄養食と判定された商品になります。輸入物だと「AAFCO」のマークが入ることもあります。

どこで作られた製品？

フードを最終加工した国の名前が入っています。国内産やアメリカ産、ヨーロッパ産のドッグフードに人気があります。

13 犬のアレルギー対策

意味もなく体をかゆがってかきむしったり、原因不明の皮膚炎が治らない場合はアレルギーを発症している可能性があります。まず、かゆみ止めの注射や薬で症状をやわらげる対症療法をしますが、身の回りからアレルゲンを取り除かないといつまでも良くならず根本的な解決ができません。

アレルゲンは人間同様、血液検査で調べることができますから、獣医師に相談してください。ただし、検査をしてもアレルゲンを特定できないこともしばしばあります。まずは家の掃除や整理整頓をしっかりして、アレルギーの原因になりそうなものを遠ざけてください。

市販のアレルギー対応食が便利ですが、アレルゲンが複数ある場合は、手作りの食事を与える必要が出てきます。

アレルゲンになりがちな食材

卵、乳製品、穀類にアレルギー反応を起こす犬は多いですが、正確な特定は検査をしないとできません。素人考えで目星をつけて市販のアレルギー対応フードをあげても、逆効果になることがありますから気をつけてください。食べ物のアレルギーは、皮膚炎のほか下痢を起こす犬もいます。

アレルゲンになりがちなもの

身につけるもの、体に触れるものでアレルギー反応を起こす犬もいます。接触型のアレルギーの場合は、ほとんどが皮膚炎を起こしますが、くしゃみや咳が止まらなくなる犬も。アレルゲンが特定できたら、犬に近づけないように注意してください。首輪や敷物、おもちゃの素材も十分に気をつけましょう。

14 犬が好きな食材

犬の食の好みは個々で異なりますが、特に好まれるのは肉や魚、乳製品、卵に果物、甘いものなど。また、塩辛いものも好きですが、一般的に犬に必要な塩分は人間の3分の1程度です。塩辛い食べ物は心臓や腎臓の負担となるのでなるべく控えましょう。甘いものも大好物ですが、肥満につながるので、こちらも少量にとどめましょう。

肉

赤身肉はもちろん、レバーなどの内臓類も好みます。カロリーを控えるならササミがおすすめ。必ず加熱し、骨がある場合は取り除いて。

卵

タンパク質やミネラルが豊富な上に、カロリーが低い卵は優秀な食材です。半熟に加熱してから与えましょう。

魚

白身の魚はカロリーが低く、赤身はミネラルなど栄養豊富です。魚も必ず加熱し、大きな骨は取り除いてからあげましょう。

乳製品

チーズやヨーグルトなども犬に人気の食材。ただし、食べると下痢をする場合は控えましょう。チーズは塩分にも注意です。

フライドチキンなど味の濃い肉類を食べてしまうと、いつものドッグフードを食べなくなることがあるので与えるのは控えましょう。

15 犬が苦手な食材

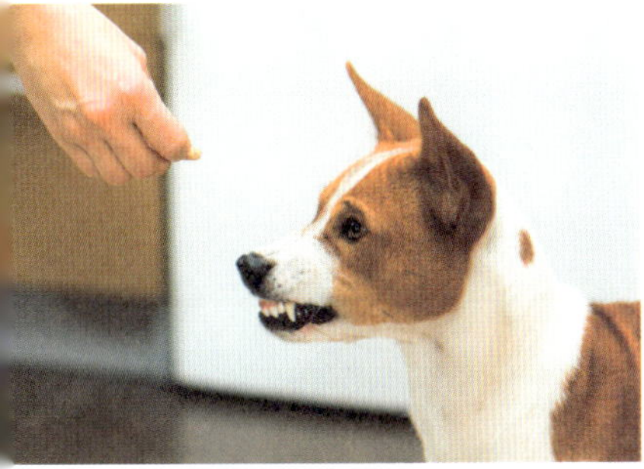

嫌いな食べ物を見ると、途端に顔つきが険悪になる犬も多いもの。食いつき具合以外に嫌いなものを判断できます。

食べさせてはいけない食材（ネギ類やレーズンなど）以外に、犬には苦手な食材もあります。柑橘類やにおいの強い野菜、スパイス、酸味の強い食材などを嫌うことが多いです。犬が苦手にする食材は特に無理して与える必要はありませんが、フードのトッピングに用いると食いつきが悪くなるので留意しましょう。

柑橘類

みかんやレモンなど、柑橘類のにおいや酸味を嫌う傾向があります。食べさせるときは消化しにくい外皮と房の皮は除いてあげましょう。

癖のある葉物野菜

においの強い葉物野菜も犬が嫌う食材。また、ほうれん草のようにシュウ酸を含んだ野菜は尿結石につながるので避けたほうが安心。

スパイス類

辛いものやにおいの強いスパイス類は苦手なうえ、肝臓障害を引き起こす可能性もあります。スパイスの入った食事を与えるのはNG。

酸味の強いもの

酢など酸味の強い食材も苦手です。嗅覚の鋭い犬は、酢のにおいや酸っぱさを嫌うので、与えるのは控えて。

16 ブラッシングの仕方

ブラッシングは被毛の手入れという目的だけでなく、愛犬とコミュニケーションを図る手段でもあります。長毛、短毛に関わらずできるだけ毎日行ってください。また、体を触ることで皮膚と体の異常をすぐ発見できるというメリットも。子犬のうちからブラッシングで全身を触られている犬は人に触られることが大好きになります。すると、動物病院の診察もラクに。ブラシをかけやすい背中や頭だけでなく、お腹やしっぽ、足の裏などもきちんと手入れしてあげましょう。毎日、ブラシをかける必要がない短毛種も、おしぼりで拭き取る程度の手入れをして清潔さとコミュニケーションをキープすることをおすすめします。

カニーンヘン（ダックスフント）、シー・ズーなどの

長毛種

スリッカーブラシで抜け毛を取った後、コームで毛を梳いて整えます。毛玉ができてしまった場合はトリマーに相談してください。素人ではほどけませんし、飼い主が切るのは皮膚を傷つけることがあり、危険です。

柴犬、ボストンテリア、パグなどの

短毛種

固く絞ったタオルで全身を拭いた後、獣毛ブラシで毛並みに逆らってブラッシングした後、毛並みに沿って整えます。日本犬やパグなど、綿毛や抜け毛の多い犬種は、その後コームで毛を梳くとスッキリ。

ミニチュア・シュナウザー、アーフェン・ピンシャーなどの

ワイヤー種

スリッカーブラシで毛並みに沿ってブラッシングして、抜け毛をしっかり取り去ります。ワイヤー種は、月に1回程度のプロのトリミングが不可欠。放っておくとモコモコになり、毛玉ができやすくなります。

17 自立心が育つほめ方

犬は飼い主にほめてもらうことが大好きです。「どうしたらいっぱいほめてもらえて楽しくなるかな」と考える力を伸ばすことで、いまよりもずっといい子になり、長生きする傾向に。

気持ちを込めてほめる

愛犬がいいことをしたときは、思いっきりほめてあげてください。このとき、実はほめ言葉はなんでもOK！　感情がこもっていれば「いい子ね！」「グッド！」など、なんでもいいのです。むしろ、うれしい気持ちがあふれていれば言葉がなくても大丈夫。犬は空気を読む力に長けているので、上辺だけの言葉でほめても喜びません。

犬は飼い主に声をかけられたり、触ってもらうだけでとてもうれしいもの。やがて、飼い主の笑顔だけでも気持ちが通じ合うようになれます。

名前を呼んでほめる

ほめるときは「○○、いい子だね！」と名前を呼んでほめてください。いいことをしてほめられる→名前を呼ぶ→飼い主が超うれしそう！というトリプルコンボで、愛犬が自分の名前を大好きになります。すると、名前を呼ぶと飛んできていい子でいるように、犬が自分で覚えるわけです。

犬は自分の名前がわかっているもの。ほめるときだけ名前を呼んであげると、より「いい子になろう」という自覚が芽生えます。

ご褒美は毎回あげない

おやつをご褒美に使うのはＯＫ。ですが、毎回与えていると、ありがたみがなくなります。３回に１回くらいはご褒美を抜きにしてみましょう。愛犬が「今日はもらえるかな」と、ドキドキ、ワクワクするようになります。また、たまには「ほめない」というのもドキドキ感につながります。

おやつのあげすぎは、肥満やアレルギーの原因にもなります。愛犬が喜ぶからといって、与えすぎないように注意しましょう。

18 自分で考えるようになる叱り方

犬はとってもポジティブです。やみくもに叱られても自分が悪いなんて理解できません。愛犬が悪いことをしたら、理由を問うのではなく、飼い主が望んでいる行動ではないということを伝えます。

感情的に怒らない

「怒る」と「叱る」 は違います。たとえば愛犬があなたの大切なものを壊したとき、「なんでこんなことするの！」と怒っても、犬には届きません。それはあなた自身の損失のために感情的になっているからにすぎないからです。冷静に落ち着いて叱れば、犬はほかの楽しみを見つけようとポジティブに考えます。

「叱る」ときは低い声で、飼い主と愛犬が冷静に向き合うことが大切です。感情的になると、犬は飼い主が喜んでいると勘違いしてしまいます。

否定形で叱らない

「～しちゃダメでしょ！」「なんでいい子にできないの！」と否定形で叱っても、犬には意味がわかりません。「静かに」「待て」と犬にわかる肯定の言葉で気持ちを伝えましょう。また、名前を呼んで叱るのもＮＧ。名前を呼ばれる＝叱られると犬が認識し、自分の名前を嫌いになります。その結果、名前を呼ばれても来なくなることも。

「なんでこんなことするの!?」などと言っても犬には通じません。「イタズラをしてはダメ」というのはあくまで人間側の理屈ということを理解するのも大切です。

吠えちゃだめ！
なんで吠えるの!?
???
ん??

静かにね
「待て」だよ
!!
「待て」なのか

19「待て」の仕方

本来肉食獣でもある犬は、動いて狩猟を行ってきました。「待て」がなかなか教えられないのは、動かずに待つことの目的意識を飼い主が教えられていないからです。けれど、逆に「待った先にいいことがある」と教えられれば犬は簡単に「待て」ができるようになります。

たとえば遊びたがっているときは、まず「待て」と言ってください。はしゃいでいる場合は無視して「待て」と言い続けます。静かになったら遊んであげましょう。おやつやごはんの前も「待て」をして、「ちょうだい！」とはしゃいでいる犬が静かになってから与えてください。待つことで願いが叶うことがわかれば、犬は「待て」が大好きになります。

「待て」は意味のない嫌な行動ではなく、楽しいことの前ぶれであることを覚えさせると、飼い主も愛犬もストレスから解放されます。

20「おすわり」の仕方

「待て」や「おすわり」を通して愛犬とコミュニケーションを取るのも、犬との生活の楽しみのひとつです。

「おすわり」は「待て」の延長線上にあります。「待て」をスマートに行うための手段が「おすわり」なのです。

色々な教え方がありますが、たとえば犬の後ろ脚の太もも部分をそっと撫でると、犬は力が抜けたように腰を下ろします。そのときに「おすわり」と声をかけてからほめてあげてください。自然と「おすわり＝腰を下ろすこと」と犬が覚えます。はしゃいでいるときには「おすわり」で座らせてから「待て」を。上手にできたらご褒美をあげてください。「おすわり」＋「待て」＝「大好きなご褒美」が関連づけられると、言葉に出さなくても自然に座って待つことができるようになります。

21 正しい散歩の仕方

散歩は飼い主と犬にとっての一大イベント。運動のためだけでなく、絆を深める時間にもなります。他人に見られることも多いですから、スマートな散歩を心がけたいものです。

散歩のハードルを下げておく

「散歩に行くよ」と言った瞬間に興奮が止まらなくなる犬は、「行くよ」と言った後に犬を玄関につないで待たせ、準備をしてから出かけましょう。待ったご褒美としての散歩だとわかれば、興奮のスタートはドアが開いてからということになります。散歩のハードルを下げることで「本当に行くの？」のドキドキをコントロールできるようになるのです。

玄関で待っていれば必ず散歩に行けるとわかれば、「行くよ」の言葉に無駄に興奮しなくなります。

首輪と胴輪（ハーネス）を使い分ける

ハーネスは、使役犬がそりなどを引くために作られたものです。そのため、犬が飼い主を引っ張った際の体の負担が少なくなり、その結果引っ張ることを肯定することになってしまいます。引きグセが強い犬は、その癖が一層強く出てしまいがちなので、それを直したいのであれば、首輪を使ったほうがいいでしょう。後は飼い主の好みや犬の特性に合わせて選んでください。

首輪

ほとんどの犬は首輪で問題なし。すっぽ抜けず、かつ、苦しくないように指２本分くらいの余裕をもってつけてあげてください。

ハーネス

フレンチ・ブルや柴犬など、首輪が抜けやすい犬種、ヨーキーやトイプードルで気管支が細く、首輪をすると咳が出る子には、ハーネスを。

正しいリードの持ち方

リードは軽くたわむ程度の余裕をもたせ、短めに持ちます。犬が真横で歩くとスマートですが、リードがたわんでいれば前方や後方の位置でもかまいません。リードがピンと張るほど引っ張るのはNG。また、伸びるタイプのリードを長く伸ばすのは事故のもと。咬傷事故や自転車に轢かれる危険もあります。街中では短くロックしておきましょう。

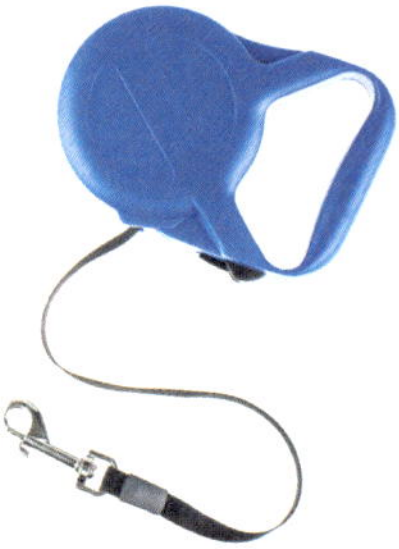

リードが張らず、「し」の字のようにたるむぐらいを目安に。リードの長さは愛犬の体高によって異なります。

リードは子どもの手のように優しく導く

リードは「犬をつなぐ道具」ではなく「子どもの手」だと思ってください。街中で子どもの手を離したり、痛いほどにぐいっと乱暴に引っ張る親はいませんよね。リードは常に離さず、“我が子”に危険が及びそうなときは優しく導いて、そばに寄せてあげましょう。首が苦しくなるほど引くのはNGですので控えてください。

草を食べる犬は除草剤に注意！

胸やけを起こしていたり、ストレスがたまっていたりする犬は道端の雑草を食べることがあります。それ自体には問題はありませんが、除草剤や農薬を撒かれた後の草を食べると中毒で命を落とすことも。また、草むらには害獣よけの毒餌が撒かれていたり、腐った食べ物が捨ててあったりと、危険がいっぱい。草深い場所には近寄らせないほうが無難です。

草をもぐもぐは危険がいっぱい。どうしても食べたがったらおうちでよく洗ったレタスやキャベツを細かくしてあげましょう。

口輪はストレスになる？　拾い食いをしてしまう子への対策

気がつくと口の中で何かをもぐもぐしている、拾い食いグセのある子には、口輪をしておくのも一案。矯正には時間がかかりますし、有害なものを食べてからでは遅いのです。何度も開腹手術をする子もいます。メッシュタイプのものなら犬に対するストレスも少なく、「カッコいいね！」とほめてあげれば、すぐに違和感なく受け入れられます。

呼び戻しができるようになろう

遠くにいる愛犬を呼んだとき、すぐ戻ってくるためには飼い主の目の前で「お伺いを入れて待つ」ことの喜びと重要性を日頃から教えることが重要です。

ドッグランで呼び戻したときは「待て」をさせて、一度しっかりほめてあげながら、安全のために首輪をつかんだ後、リードをつけさらにほめてあげましょう。ご褒美をあげてもＯＫ。ドッグランで走り回っていた犬にとって、リードをつけられるのはとてもつまらないこと。呼び戻してすぐリードをつけると、犬は呼ばれる＝つまらなくなることを学習し、呼んでも無視するようになります。「待て」とご褒美でワンクッションを置いて、つまらなさを消してあげてください。

ドッグランで自由に遊んでいる犬を呼び戻すには、それ以上の喜びがあることを犬が知っている必要があります。

散歩コースは足場の良い場所を

犬は常に裸足の状態です。歩く場所には十分に気をつけ、ケガのないようにしてください。人間のために整備された道路がもっとも安全です。ただし、真夏のアスファルトには要注意。日が落ちた後も地面に熱がこもり、肉球を火傷することもあります。真夏の散歩は深夜と早朝がベストです。

キャンプ地の河原に潜むガラスや尖った石で足の裏を切ったり、熱の残る砂浜で火傷したりすることもあるので、アウトドアを楽しむときには気をつけて。

ドッグランはまず飼い主と１周しよう

現在の日本国内で、私有地以外で犬をリードから放せるのはドッグランだけです。公共の場ですから、自由とはいえ、マナーよく遊びましょう。

ドッグランに着いたら、すぐにリードをはずさず、まずは飼い主と一緒に敷地内を１周します。こうすることで「あ、ここはお母さん（お父さん）の管理している場所なんだな」という認識が生まれやすくなるのです。すると、呼び戻しもしやすくなり、興奮を管理しやすくなるでしょう。

22 正しい挨拶の仕方

散歩中、犬同士を挨拶させるときはまず飼い主を見ましょう。飼い主がイヤな雰囲気を醸し出している場合、一緒にいる犬も粋がっていたり乱暴者であることが多いのです。基本的にあなたと相手が合わないなと感じたら、お互いに避けたほうが無難。例外はありますが、大抵犬同士も仲よくできません。

犬は飼い主に似るという説は本当です。飼い主が気取っている場合は犬もプライドが高く、粋がることが多いものです。

もしかして……迷惑行為!?
悲劇を生まないための飼い主マナー

散歩中は犬が多くの人と出会う時間です。中には犬が苦手という人もいます。犬を傷つけられる事件の中には犬（飼い主）の迷惑に耐えかねて……ということもありますから、犬の安全のためにもマナーはしっかり守ってください。また、犬が苦手な人に対してはしっかり注意していても、犬好き同士の間では気がゆるむこともあります。飼い主同士のトラブルは、苦手な人とのそれよりも深刻化するケースがあるので注意しましょう。

散歩中に、意図的に置かれた毒物を犬が口にしてしまうことも。拾い食い癖のある子は、飼い主がよく注意してください。

気をつけたいチェック項目

- ドッグラン以外でリードをはずしていませんか？
- よその畑や花壇に入り込んだりしていませんか？
- ガードレールにつなぎっぱなしにしていませんか？
- きちんとフンの後始末をしていますか？
- おしっこの後、ちゃんと水で流していますか？
- 発情期のメスをドッグランに放していませんか？

23 正しい遊び方

愛犬に遊ぶペースを任せてしまうと、どんどんわがままになってしまいます。その結果、犬に振り回されてくたびれる生活に。犬と飼い主のどちらも楽しく遊べる工夫をしましょう。

愛犬が遊びたがっていてもすぐに遊ばない

遊びの許可制を覚えると、飛びつかずに、きちんとおすわりして「遊んで！」と言え（？）ます。

愛犬が「遊んで！」とボールやおもちゃを持ってきたら、すぐに遊ぶのではなく「ちょっとおすわりしてごらん」と座らせ「待て」をさせます。うまくできたら、思いきり遊んであげましょう。遊びを許可制にすることで、犬は「遊んでほしいな、遊んでくれるかな」と考えるようになります。

マイブームのおもちゃを見極める

犬におすすめのおもちゃは？ということは一概には言えません。犬にもマイブームがあります。色、形、におい、噛み心地など、その犬の年齢や季節などによって好みが変わるのです。そのときのお気に入りを見極めて与えてあげられるのが、良い飼い主です。もちろん、おもちゃの安全性には十分留意してください。

ボール好きな犬でも、テニスボールがマイブームだったり、ゴムボールだったり、お人形に魅かれたりと、好みは常に変わります。

「取ってきて」遊びをしよう

投げたものを取ってくる「レトリーブ」は犬の本能のひとつ。その名がついた各種のレトリーバーはもちろん、多くの犬が大好きな遊びです。ぜひ一緒に楽しく遊んでみてください。持ってくるのは簡単ですが、持ってきたボールやおもちゃを、きちんと出してもう１度投げてもらえるかがポイント。ここでも「出して」がキーワードになります。

まずは室内で練習

まずは家の中でお気に入りのおもちゃを使い、「出す」ことの楽しさを教えてから屋外での「取ってきて」にチャレンジしましょう。

慣れたら外でも

屋外での「取ってきて」遊びの仕方

STEP1
**まずはボールへ
興味を持たせることから**

まずはボールを用意。このボールを使って引っ張りっこをして、犬にボールへの興味を持たせます。このとき、くれぐれもボールを奪われてしまわないようにしましょう。

STEP2
**飼い主も一緒に
取りに行くのが大事**

ボールが好きになったら、近くにボールを投げてみます。このとき大切なのは、必ず飼い主も一緒に取りに行くことです。犬は飼い主と遊べるからこそ楽しいのです。ぜひ楽しんで一緒に練習してみてください。

STEP3
**くわえたボールは噛みなおす
タイミングを見計らう**

一緒に取りに行ったボールを犬がくわえたら、次は放してもらいます。犬がボールを噛みなおすタイミングまでじっと待ち、噛みなおすタイミングで素早くボールを出させ、ご褒美として再度投げます。

STEP4
**犬だけが取りに行き、
戻ってこられたら成功**

STEP3 を何度か練習した後に、犬だけがボールを取りに行くようにします。ボールをくわえたら呼び戻しをして、戻ってきたら成功です。このときは、リードの長さが 12 フィート（約 3.8m）の長めのものを使うといいでしょう。

引っ張りっこはしても OK！

引っ張りっこ遊びは犬が言うことをきかなくなってしまうのでＮＧとする意見もありますが、やめどきを飼い主がコントロールできれば、やってあげても大丈夫。犬がひもや人形から口を離した瞬間に「出して！」と言い、遊びを終了します。出して＝口を離すという認識が生まれ、誤飲防止にもなります。ただ、どうしても飼い主が負けてしまう場合はトレーナー等に相談を。そのままにしていると、おうちでの問題が起こる可能性もあります。犬にとっては、それだけ大事な要素をもった遊びといえるでしょう。

「出して！」の合図で口を離したら終了。これで飼い主がゲームに勝つことになり、犬が「自分のほうが強い」と思いません。

犬同士の遊びは性別に注意！

犬同士の付き合いにも相性があります。未去勢、未避妊の同性同士はライバル関係になりやすく、いがみ合うことが多いものです。特に未去勢のオス同士は、流血沙汰になるほどの喧嘩をすることもあるので要注意。散歩中の挨拶でも同性同士はむやみに近づけないほうがいいでしょう。

子犬の頃は仲のいい親友同士でも、思春期以降に急に険悪になることもあります。人間の青少年とあまり変わらないかも？

24 留守番の仕方

現代社会では犬と人間はいつも一緒にいられないこともあります。家に残された愛犬が寂しくなく、ひとりでもしっかりお留守番できるようにすることも愛情の形です。

お留守番を一大事にしない

犬は「働きたい」本能をもっています。ですから、お留守番を仕事として任せるつもりで出かけましょう。飼い主が「かわいそう、ごめんね」という気持ちをもつと、それが犬に伝わり不安が募ってしまいます。出かける前は「お留守番、お願いね」というスタンスで、必要以上に犬にかまわないでください。犬ならお留守番くらいできます。

お留守番の前にあまりに騒ぎすぎると、「まさか、お別れ？　もう帰ってこないの？」とかえって悲しい思いをさせてしまいます。

お留守番の成功は信頼の証

成犬になってからお留守番をさせることになった場合、短時間から始め、「ちゃんと帰ってくる」と信頼させましょう。

犬は環境に順応する動物ですから、子犬の頃からお留守番に慣れている犬は、飼い主がいない時間も落ち着いて過ごせます。「お出かけしても、ちゃんと帰ってくるから大丈夫」と、飼い主を信頼しているのです。転職などの事情で、成犬になってからお留守番をさせることになることもあります。買い物の間など、短時間から練習を始め「ちゃんと帰ってくる」と信頼させておきましょう。ただ、子犬は4時間以上、成犬でも10時間以上のお留守番をさせるのは安全や健康管理の面からも感心できません。長時間、留守にする場合はペットシッターやドッグウォーカーに相談することをおすすめします。

帰宅時に大げさに騒がない

帰宅したとき「ごめんね、寂しかったね」と大げさに騒ぐと、犬も寂しかった気持ちがこみ上げてきてしまいます。泣くのを我慢していた子どもがお母さんを見た瞬間、泣いてしまうのと同じです。「ご苦労さま、ありがとうね」と穏やかにほめて、撫でてあげてください。いつもと同じトーンなら犬も安心できます。

おっ！
お留守番できて
えらいね！
これくらい
カンタン！

いつもと同じようにほめてあげることで、犬自身が「お留守番なんて簡単！」と思うようになり、やる気を出してくれます。

お留守番させて
ごめんねーっ！
留守番
させないでよー

飼い主が騒げば騒ぐほど犬は混乱し「いったいなんなの？」と不安になります。またお留守番するときは、一層寂しがることに。

頻繁な不在は愛犬のストレスに

長時間のお留守番の場合はハウスとトイレ、おもちゃなどを用意した広めのサークルを作り、そこにいることに慣れさせるとよいでしょう。

ひとりのお留守番に慣れさせる場合、柔らかいおもちゃを置いて出かけるなどの一工夫をしてあげたいもの。

毎日長時間誰もいなくなるような家庭や、依存心が強く甘えん坊な犬の場合は飼い主の不在がストレスとなります。そのストレスが病気や思わぬケガを引き起こす可能性があり、長時間の不在はなるべく避けたほうが安心です。ストレスを取り除き、長生きさせるためにも、家族のライフスタイルを見直すのもよいでしょう。

お留守番中は「野球中継」がおすすめ！

お留守番を少しでも寂しくさせないために、テレビをつけて出かけるのも有効。おすすめは野球中継です。適度に動きがあり、適度に話し声（解説や実況）がするので、犬の興味を引きつけてくれます。事前に録画しておいて、お留守番が始まる前から流しておくといいでしょう。テレビだけでなく、ラジオでもOKです。

お留守番中に退屈するとイタズラすることも。特に賢い犬ほどその傾向が強いので、テレビやラジオ、おもちゃを用意して退屈を紛らわせてあげてください。

エアコンの温度設定は低めを推奨

チワワなどの極小犬を除き、犬は寒さに強く暑さに弱い動物です。夏場の室温には十分注意。エアコンは 23～24 度に設定を。寒そうにしている場合は、25～26 度にしてあげましょう。また、ヒトセンサー対応のエアコンでは、犬の立ち位置まで冷房が届かないこともあります。事前に床付近の温度も必ず確認してください。

犬には汗腺がないため、汗を風で冷やす扇風機は意味がありません。必ずエアコンを使ってください。

体の表面からあまり熱を逃がせない犬は、口を開けて「ハァハァ」することで、放熱して体温を下げています。

夏場の対策

エアコン

犬を飼ったら、原則として夏冬ともにエアコンを入れっぱなしにする覚悟を。冷房・暖房ともに23～24度程度をキープしましょう。

冷却グッズ

冷却マットは室温以上に冷えるものではありませんが、エアコンが効いている状態で、腹部を冷やしたい時に利用しましょう。

日陰

外飼いの場合は直射日光が当たらない場所に犬舎を移動させ、日陰を必ず作ってください。地面が土だと穴を掘って体を冷やせます。

毛を刈る

長毛種はショーに出ないのなら、思いきってサマーカットに。夏場に丸刈りにしても、秋冬にはもとのおしゃれな姿に戻ります。

冬場の対策

ダンボール

意外に保温効果が高く、おすすめです。犬舎やサークルに入れてあげると、お気に入りの寝床になるかも。中に毛布を入れてあげてもいいでしょう。

バスタオル

敷物として用意すると自由にかぶったり、くるまったりできます。ループが長いものは爪を引っかける危険があるので、スポーツタイプがおすすめ。

25 トイレの仕方

トイレの失敗は年齢によって理由が異なります。子犬なら単純に場所を飼い主が教えられていないから。成犬の場合は飼い主の気をひきたくてわざと粗相をすることもあります。

基本のトイレトレーニング

未学習の場合、トイレの間違いを叱って教えても、ほとんどの犬がそれを理解できません。トイレをスムーズに教えたいのであれば、10日間でもいいので集中して教えてあげることが重要です。結局、飼い主が何回シートの上でトイレの成功を賞賛してあげられるか、によります。犬たちもほめられればきもちがいいからです。

子犬のトイレトレーニングの仕方

通常、犬を飼っているおうちは、ケージの中にトイレを設置している方が多いようです。もちろん、それでもいいのですが、犬とよりスマートに暮らしたい方は、さらに上のステップに進むこともできます。それは、「ケージという場所」でトイレを覚えさせるのではなく、「トイレシートを意識」させる教え方です。そうすれば、ケージがなくても、環境が変わっても、「シートのある場所を選んで」トイレができるようになります。

STEP 1 2分の1の選択肢からトイレを選ばせる

まずはケージの中に寝床のクッションとは別に、トイレシートを敷いたスペースを用意。きれい好きな犬が寝床を避け、結果トイレシートの上でおしっこをしたら成功。もし寝床に粗相をしてしまっても叱るのはNG。静かに片づけてください。

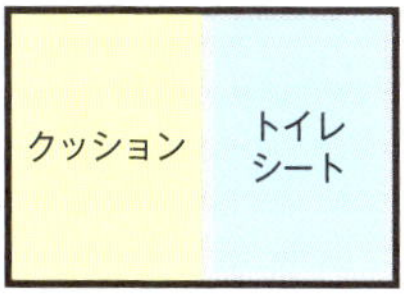

STEP 2 4分の1にトイレの選択肢を増やす

次に、ケージを少し広くして、寝床とトイレシートのほかに2か所空きスペースを作ります。犬のトイレのタイミング（寝起き、食後、遊んだ後など）を見計らい、さりげなく様子をチェック。トイレを自ら選択できたら大いにほめてあげます。

STEP 3 トイレを見守り、成功したら大いにほめる

犬が用を足して移動しないうちにほめてあげるのがとても大切。ここで大いにほめてあげると、トイレの場所を覚えやすくなります。もし失敗することが多い場合は、ほめ方やタイミングがズレている可能性があります。犬のせいにせず、自らを省みてください。

STEP 4 ケージをはずせればトイレトレーニング完了

STEP2を覚えたら、ケージの入り口を開けて、寝床のクッションを外に出します。きれい好きな犬の習性を利用して、トイレシートを意識的に選択できるようになりましょう。シートは毎回新しいものに変えます。最後に、ケージを外してもトイ レを選択できれば、トイレシートをどこにおいても大丈夫になれます。

粗相の後始末を見せない

愛犬が粗相をした後始末をしている飼い主の姿を犬に見せるのはＮＧ。犬は飼い主の気持ちが自分に向くことをうれしがる動物です。自分の粗相を慌てて片づける飼い主を見て「あっ、私のやったことでこんなに頑張ってくれている、かまってくれるんだ！」と認識してしまうのです。すると、かまってほしいときに粗相をするようになります。粗相を見つけたら愛犬に見られないように、こっそりと掃除をしてください。粗相した場所に排泄物のにおいが残っていると、そこをトイレと認識して何度も繰り返してしまうことがあります。片づけた後は消臭剤を使い、しっかりと痕跡を拭き取ってください。ただし、愛犬の主張によるマーキングの場合は対応が異なります。

犬はかまってもらうことが大好き。自分の粗相で右往左往する飼い主を見るとかえってうれしくなってしまいます。あくまで静かに片づけます。

おうちでトイレをさせる方法

特にオス犬はマーキングを通じて外部のコミュニティとつながりをもちたがるため、散歩中にしか用を足さない子が多いです。

どうしても屋外でしか排泄しない犬もいます。犬は尿でマーキングする習性があるので「家の中でおしっこをするなんてもったいない！」というわけです。とはいえ、悪天候のときやお泊まりなどのときのために家でのトイレを覚えておくと安心。いつも散歩がトイレタイムの犬なら、散歩をしばらく休みます。犬には食後、寝起きなど、もよおすタイミングがありますから、よく観察してもよおしたときにトイレに連れて行き「ワンツー」など特定の声がけをしてください。ただ、我慢させすぎると膀胱炎を起こすこともありますので、獣医師に相談しながら行ってください。

26 ムダ吠えさせないための方法

吠えるというのは犬の主張だと受け取ってください。言いたいことがあるから吠えるのです。まず、犬が何を訴えたいのかということを見極めてください。

まずは愛犬の訴えを聞いてみよう

犬が吠えるときは必ず、何か訴えたいことがあります。まずは何を訴えているのか聞いてあげるのが基本ですが、過剰に吠えるようなら話は別。ただ、飼い主を見ながら吠える場合は「強い主張」である場合も考えられます。その際は専門家に相談しましょう。また、「ダメ」と叱るのも犬にとってはリアクションです。

愛犬はこんなことを訴えています

犬は番犬として家畜化された動物でもあるので、不審なものを見かけたときは吠えやすくても当然です。

番犬行動の一環です。チャイムの音に過剰反応する場合、チャイムを変えてみると落ち着くことも。

愛犬の「ワン」にあえて反応しない

飼い主を見て「ワン」と吠えるのは、何か要求があるとき。ここで反応すると「吠えればいい」と犬が学習してしまいます。

犬が「ワン！」と吠える目線の先には必ず対象物があります。飼い主に向かっての「ワン！」は「してほしいことがある」という訴え。要求を叶えてあげられるときは反応し、そうでないときはスルーしてください。毎回「どうしたの」と反応しないことが大切。リアクションを取ると、吠えれば要求が伝わると学習し、吠えの習慣を強化することにつながります。

来客に吠えるときの心理も犬さまざま。1頭1頭の吠える理由に則した対応が必須です。

ヒンヒン、キュンキュンと鼻を鳴らす声は、寂しがっておしゃべりしている心理の表れ。子犬なら穏やかに落ち着かせましょう。

吠えた対象から目線をはずさせて気をそらす

犬はまず目で対象物を捉えてから吠えます。ですから、吠えかかりそうなものは、見せないことが「吠え」の予防の一案。たとえば、散歩中に苦手なもの（ほかの犬、子どもなど）を見かけたら犬の目に入る前に「こっち見て」などと呼びかけ、視線をはずさせるといいでしょう。吠えた後でも「こっち見て」「あれは何？」と気をそらせてください。そのためには飼い主自身が周囲の刺激よりも魅力的であることが大切。「こっち見て」と言われた犬が「もっと気になるものがあるんです！」と聞き流すことなく、「はい！　何でしょう」と振り向いてくれるような存在でありたいものです。

イヤなものが視界に入ると
自分を抑えきれなくなるん
です。でも飼い主を見ると
落ち着きます。

27 愛犬の名前の呼び方

いくつになっても愛くるしいからといって、愛犬をいつまでも赤ちゃん扱いするのは感心しません。自立心旺盛な犬に育てたいなら「○○ちゃん」と呼ぶのは思春期から成犬になる頃には卒業したいもの。いつまでも「○○ちゃん」と赤ちゃん扱いで接していると、お互いの関係性が成熟せず、必然的に飼い主に対する犬の主張も強くなっていきます。原則として犬の呼び名は呼び捨てでかまいません。それでは味気ないというなら、人間のように年齢に応じて呼び方を変えてみてはどうでしょう。成人した息子や娘を「ちゃん」呼びで赤ちゃん扱いする親はいませんよね？

何歳かによって呼び方を変えよう

子犬時代 → 青年時代 → 大人時代 → 老犬時代

子犬時代	青年時代	大人時代	老犬時代
○○ちゃん	○○さん	○○	○○さん

28 お風呂の入れ方

皮膚病治療などの特別な理由がない限り、シャンプーは月に1～2回で十分。日常的にあまり洗いすぎるとかえって皮膚のトラブルが起こりやすくなります。

洗うときはぬるめのお湯で十分に被毛を濡らした後、シャンプーします。犬の皮膚は薄く傷つきやすいので、ブラシなどは使わず、指の腹で優しく洗ってください。よくすすいだ後はドライヤーでしっかり乾かしましょう。湿気が残っていると蒸れてイヤなにおいがしたり、皮膚のトラブルを起こすことがあります。毛がもつれやすい長毛種は無理に家で洗わず、プロのトリマーに頼んだほうが安心ですし、きれいに仕上がります。

洗い流しが足りないと、皮膚炎の原因にもなります。シャンプーした後はきちんと泡を洗い流しましょう。

ドライヤーは熱すぎないか、飼い主が常に温度を確認しながらかけます。

29 シャンプーの選び方

人間同様、犬用シャンプーにもさまざまな種類があります。健康な犬であれば市販されているシャンプーの中から好きなものを選んでかまいません。いまは被毛の長さや年齢、犬種別までさまざまなタイプが販売されています。リンスやトリートメントは必ずしも必要ではありません。好みで使ってください。いずれも説明書きをよく読んで使用法をきちんと守って使い、赤みや湿疹、フケなどの異常が出たら使用を中止して獣医師に相談してください。皮膚の弱い子や皮膚に疾患がある子の場合は動物病院に相談して、症状に合った薬用シャンプーを紹介してもらうと安心です。皮膚疾患用の薬用シャンプーは動物病院で販売しています。

一般のシャンプー

皮膚の状態が健康ならば、一般のシャンプーでOK。ただし、普通このようなシャンプーは犬の毛をきれいにツヤツヤにすることを目的としているので、皮膚が荒れている場合は炎症を起こしてしまう場合も。

低刺激シャンプー

刺激になりそうな成分を除き、自然由来の成分を主体にしているシャンプーです。あくまでも健康な犬や、皮膚病が治癒した犬に使用するのがおすすめです。シャンプー自体で皮膚病の治癒はできないのでご注意を。

薬用シャンプー

その都度、犬の種類や症状に合わせて選べることから、最近人気なのが薬用シャンプー。種類が豊富なため、すべてを試すのは難しそうですが、説明書きをよく読み、自分の愛犬に合ったものを使いたいものです。

殺菌シャンプー

皮膚炎の原因となる菌を抑えて、症状の改善を目指すシャンプーです。ただ、刺激が強すぎると、かえって症状が悪化してしまうこともあります。使用量や使用頻度には十分に注意しましょう。

30 同居動物との相性にも注意しよう

先住犬やほかの動物がいる場合

すでに先住犬がいる家で新しい犬を迎える場合は注意が必要です。できれば最初は屋外で対面し、散歩を行ってから帰宅しましょう。飼い主はまず先住犬をたて、新入りには家での新しい規律を教えましょう。しかし人間と同様、犬同士にも相性があります。どうしても仲良くなれなかったり、犬特有の序列抗争や下剋上でケガをするほどの喧嘩になることもあります。もめごとを解決できない場合、階級の判別が誤っている場合がありますので、早めに専門家に相談しましょう。

ほかの種類の動物と暮らす場合、小動物が犬に対してストレスを感じることがありますので、それぞれの特性を学んだ上で、双方のストレスサインをしっかりと観察しましょう。

相性が合えば、種族を超えても仲良しに。不仲動物の共同生活は、ストレスになり寿命を縮めますので、マッチングの機会を大事にしましょう。

一緒に暮らしていた犬同士の関係が変化したときは？

たとえば、５歳の犬が暮らしている家に新しく８歳の犬を迎えたとします。このとき、体重や性別、去勢・避妊の有無などが総合的に影響して、年上である８歳の犬が主導権を握ってしまうことがあります。もちろん先住権を優先してあげたいところですが、年齢によっては主導権を握る犬の世代交代を意味することもあります。犬同士が喧嘩を繰り返している場合は、世代交代をさせてあげたほうがいいこともあるので、飼い主がフォローしてあげるようになるのが理想です。

Q カバンやゴミ箱をよくあさってしまいます

A まず、あさられないように注意して

犬は穴を見ると顔を突っ込みたくなる本能がありますから、カバンやゴミ箱にはふたをする、倒されないように床に固定するなどの対策を取ってください。その上であさられた場合はリアクションをとらずに、犬を別の場所に誘導し、見られないように片づけを。「あーっ！」と声を出すと、犬は楽しくなってしまうので逆効果です。

穴を見たら顔を入れてみたい。そういった狩猟動物としての本能は遊びの中に取り入れて狩猟欲を満たしてあげましょう。

Chapter3

犬の気持ちがわかるサイン16

しぐさや行動でわかる犬の気持ち

犬は本来、群れで暮らす動物です。群れの生活には秩序が必要ですから、リーダーを決め、それに従う性質をもっていることは間違いありません。犬社会におけるリーダーは、力の象徴です。自分ではとてもかなわないと思った相手に対し、犬は服従するのです。ところが、人間の飼い主はどうでしょう。威風堂々と群れを統率している犬のリーダーに比べると、非常に欠点は多いものです。肉体的にも牙をもつ犬にはとてもかないません。それでも犬は飼い主と一緒にいます。それは力ではなく、信頼関係が犬と人間の間にはあるからです。いつも一緒にいて、おしゃべりし、散歩に出かけてごはんを食べて眠る。そんな当たり前の生活の中で、犬は飼い主に信頼を寄せています。

犬は人間が怖くて仕方なく従っているわけではありません。その証拠に、たまに反抗したり、困ったことをすることもあります。愛犬の日々のそんな行動は、人間の言葉が話せない彼らからのメッセージでもあります。いつものあんなしぐさ、こんなしぐさは一体何を表現しているのか、案外知らないことが多いのではないでしょうか。

この章では、犬が日常的に取りがちなしぐさや行動と、その意味について説明します。

01 目を合わせようとする

　動物と目を合わせるのは危険だとよく言われます。目を合わせることは挑発を意味し、襲い掛かられるおそれがあるためです。確かに唸って敵意を見せているよその犬と目を合わせるのは危険です。しかし、愛犬がこちらを見つめてきて目が合うのはあなたに「お伺い」を入れている証。目と目を合わせるアイコンタクトをすることで､犬と気持ちが一層､通じるようになります。「待て」「おすわり」などの指示を出すときはきちんと目を見て声をかけてあげてください。叱るときもアイコンタクトをして目を見て叱りましょう。犬は自己主張を取り下げると、目線を合わせ続けることができなくなり、結果目をそらします。

何かを訴えたいとき、犬は飼い主を見上げて見つめます。威嚇以外で視線を合わせない野生の肉食獣にはないしぐさです。

02 悲しそうにしていると寄ってくる

あなたがどんな気持ちでも、たとえどんな状況になっても「どうしたの？」とそばに来てくれます。

犬の脳は、言語などのコミュニケーション能力を司る前頭葉が人間ほど発達していません。しかしその分、感覚が鋭敏に働いているため、飼い主の心情をいつでも的確に感受することができます。たとえば、飼い主が泣いているとそばに近づいてきてくれることがあります。それは飼い主の様子がいつもと違うことを敏感に察して「ねえ、いつもと違うよ、どうしたの？」と言いながら、近寄ってきてくれているのです。
動物は普段と違う状況に出くわしたときには、警戒心を持つのが当然です。犬は信頼している飼い主だからこそ、どんな状況であっても、臆せずにそばに来てくれるのです。それが、野生動物にはない、家庭犬の素晴らしいところなのです。

03 いろいろなもののにおいを嗅ぐ

犬の嗅覚はにおいの種類によっても異なりますが、人間の約100万倍も鋭いと言われています。においを嗅ぐことは犬の生活にとって、もっとも重要なことなのです。

散歩中にあらゆるものをクンクンしている

犬は嗅覚で情報を収集する動物ですから、興味をひかれたものはにおいを嗅いで確認します。道端のにおいをくんくん嗅いで「よし、わかった」というように立ち去るのはごく普通の行動。あまりにも長時間、においを嗅ぎ続けている、頻繁にあちこちの場所のにおいを嗅いでウロウロと落ち着かないときは、ストレスがたまっている可能性が。

目についたものはにおいを嗅いで確認。納得すればすぐに離れるのが普通です。

犬同士がお尻のにおいを嗅ぐ

犬は肛門の脇にある肛門腺から個体別のにおいを発しています。犬同士はお尻を嗅ぐことで「年齢・性別・知り合いかどうか」などを確認しています。顔の横のにおいを嗅いだ後、お尻を嗅ぎ、鼻同士をつけるという犬特有のマナーがあります。犬同士の付き合いを知らない子が、いきなり鼻同士をつけようとすると喧嘩になることもあるので、散歩の際は飼い主も注意してあげましょう。

気の弱い犬や犬嫌いな犬、友だち犬との付き合いに慣れていない犬は、お尻を下げて自分のにおいを嗅がせないことも。

飼い主のにおいを嗅ぐ

外出から帰宅するとすぐに飛びついてくる犬は、まずおすわりをさせてにおいを嗅がせると安心して落ち着きます。

飼い主のにおいを嗅ぐのは飼い主に対し積極的な気持ちの表れであり、興味がある証。従順な気持ちの表れでもあります。特に迎えたばかりの犬は頻繁に家族全員のにおいを嗅ぎ、「お父さん、お母さん、お姉さん」と、個人を特定します。また、「その日どのような１日だったか？」と外出から帰った飼い主の「１日の軌跡」を確認する動作でもあります。

04 しっぽを振っている

しっぽは犬が感情をわかりやすく表現できる部分です。長年、連れ添った愛犬はもちろん、迎えたばかりの犬や、あまり親しくない、よその犬の気持ちもしっぽを見ればわかります。

上向きにしっぽを振っている

しっぽは犬の感情のバロメーター。しっぽが上を向いているときはテンションが高く、自信に満ちあふれているときです。大抵は友好的な証なのですが、しっぽを立て正面から近づき、かつゆっくり振っているときは相手に対する威圧行動である場合も。しっぽだけでなく総合的な判断が必要ですので、その表情や雰囲気にも注意してください。

ゆったりと落ち着いています。「やあ、どうしたの」「今日はいい日だね」「なんか幸せだなあ」と穏やかにうれしさを表現しています。

テンションマックスで「超うれしい、最高だよ！」とうれしさを表現。飼い主が帰宅したり、大好きな人や友だち犬に会ったときによく見られます。

下向きにしっぽを振っている

しっぽを下に下ろしているのは消極的な心情を表しています。あまり仲良くない犬の場合「君は悪そうなヤツじゃないけど、どういうヤツだ？」「見かけない顔だな」という気持ちです。また慣れない場所に来た場合も「ここはどこだ？」というように軽く下向きにしっぽを振ることが多いようです。

ただ、愛犬が警戒する必要のない家の中で下向きにしっぽを振っている場合は、なんとなくテンションが低かったり、控えめな性格の表れです。「○○」と呼びかけて下向きにしっぽを振っているときは人間でいうところの「え！　何か御用ですか？」とお伺いを入れながらも喜びを表現している場合もあります。

しっぽの向きや動きと一緒に表情を見ましょう。その組み合わせによって、意味が変わってくることもあります。

しっぽを後ろ脚の間に挟んでいる

しっぽを後ろ脚の間に挟んで隠し、へっぴり腰になっているのは恐怖を感じているとき。ほかの犬や人、場所に対して非常に怯えているときですから、恐怖の対象を遠ざける、抱いて安心させるなどして不安を取り除いてあげてください。また、この体勢で吠えているのは「なんだよ、来るなよ、噛むぞ」という意思表示です。本人（犬）は自分の身を守るために必死になっている状態ですから無理に近づいたり、手を差し出すことは避けてください。咬傷事故に発展することがあります。巻き尾、立ち尾の犬がしっぽをだらりと下げている場合は体調不良の可能性もあります。

しっぽを隠して体を丸める

「しっぽを巻く」の慣用句通り、恐怖を感じたとき、自分では勝てない相手に会ったときにしっぽを丸めて隠します。

しっぽをダラリと下げている

いつもピンとしっぽを上げている犬がダラリと下げているときは、体調が悪い可能性も。また、高齢犬もしっぽを下げがちです。

05 お腹を見せる

犬がお腹を見せているのは、人間でいう「ホールドアップ」。「平和な気持ち」の表現です。生理学・心理学的にも開放しにくい部位を見せることで「あなたに抵抗する意思はありません」と告げているのです。犬同士の場合、お腹を見せられたらそれ以上、攻撃をしないというルールがあります。

ただ、お腹を見せた犬のすべてが「開放」しているとは限りません。人を見かけると何の脈絡もなくお腹を見せる犬は触れられたがりの“かまってちゃん”であることが多いもの。「ねえ、見て。触って、ねえってば！」と、お腹を撫でてあげるまでポーズを取ってアピールしてきます。そんなときは、お腹を軽く撫でてあげてもよいですが、日常のやりとりとして定着してしまう可能性もはらんでいます。

お腹を見せる犬＝負け犬ではありません。自己顕示欲が強い犬もお腹を見せます。犬の行動は相手との関係性によって変わるのです。

06 耳を動かす

耳を立てている

耳をピンと立てているのは、対象物に積極的であるということ。気になる方向に耳を動かして音の正体を探ったり、自分を大きく見せたいという心理が働いています。垂れ耳の犬は耳と耳の間にシワができていたり、根元の方向が変わっていることを確認してみてください。寝ながら耳だけを気になる方向に向けることもよくあります。

耳を前に傾けている

↓

威嚇

耳を前に倒すのは威嚇するとき。自分を大きく、強く見せる効果もあります。

耳をピンと立てている

↓

注目

小動物が出す高周波など、人間には聞こえない音でも犬は感受できます。犬が耳を立てて一点を見つめているときは、そういった音に興味を示しているときです。

犬の耳は前後左右によく動きます。耳の向きや動きでも感情がわかりますから、注意して見てください。垂れ耳で動きがよくわからない犬は、耳の付け根に注目しましょう。

耳を倒している

耳を寝かせて、しっぽを振りながら駆け寄ってくるのは「遊ぼう！」のサイン。後ろ方向に耳を倒し、下から潜り込んでくるときは、従順な気持ちの表れです。一方、寝かせた耳が左右に広がり「ウー」と唸るのは、警戒、威嚇、恐怖の表れです。頻度が多いと自己主張である場合があるので、専門家に相談しましょう。

耳が後ろに倒れている
↓
友好

頭全体が平べったくなり、いかにも「撫でて」と言わんばかりのときは、ご機嫌でテンションも上がっています。

耳が左右に広がっている
↓
不審

耳を左右に開き、牙を見せるときの犬は戦闘態勢。犬との挨拶でこんな表情を確認したら、それ以上の接近は回避しましょう。

07 飼い主の口を舐める

親愛を確認するためにキスを許容してしまいがちですが、感染の懸念もあるのでほどほどに。気になる場合は、手を差し出しましょう。

口に限らず、顔や手などを舐めるのは親愛の証。本来は子犬のときに、母親の口もとを舐めることで食事をもらえていたことに由来しています。いずれにしても従順な気持ちの表現だといえます。人間に会うと誰に対してもペロペロ舐める犬は人なつこく友好的な性格。「大好きよ、仲良くしようね」という親愛の気持ちが込められています。

独立心旺盛なオス犬や気の強い犬は人を舐めてアピールすることはあまりありません。自信があるこそ、むしろアピールする必要がないともいえるでしょう。また、舐める行為は「カーミング・シグナル」の１つでもあります。普段と違う様子の飼い主を「どうしたの？　大丈夫？」と舐めてくれることもあります。

※カーミング・シグナル……不要な争いを避けるために、犬が自分の感情を伝えるボディ・ランゲージのこと。

08 口を開けて歯をむき出しにする

大きく口を開けて牙を見せるのは犬からあなたへの最大の警告だと言えます。鼻にしわを寄せて「ウー」と唸っているときに比べると、本気度は低め。ですが、脅しを無視してそのままかまっていると、口を開けたまま歯を当ててきます。敵意をもってしっかり噛みつくわけではなく、人間にたとえるとちょっと叩く程度です。ダメージは少ないですが、牙の先端に肌がひっかかった場合は出血することもあります。皮膚が弱い子どもは歯に触れただけでも大ケガにつながることもありますから、犬が牙を見せているときはすみやかにお互いを遠ざけてください。

母犬が子犬を叱るときにも見られる表情です。「ちゃんといい子にしないと、お母さん本当に怒るわよ！」といったところでしょうか。

09 小首をかしげる

人間と同じように、犬も首をかしげますが、それは消極的な行動ではなく、むしろ「なんだろう！」と視覚や聴覚を用いて更に情報を収集しようとしている心理の表れです。話しかけているときに首をかしげたら「何かを言ってるけど、よくわかんない。もっと情報がほしい」と考えているのです。

また、見慣れない動物などを見たときや、テレビの画面が変わったとき、新しいおもちゃを買ってもらったときも「なんだろう」と追加情報を得るべく首をかしげます。ただ、犬は前向きな動物ですから、様々なものに興味を持とうともしますが、同時にすぐに興味対象が変わり、遊びや睡眠など、別のことを始める場合もあるでしょう。

あの音は何？
何か言った？
これは何？
あ！なんか不思議！

一見、考えことをしているようですが、じつはさらに情報を収集したいと思っています。細かいことが気になるのが犬の特性でもあります。

10 前脚を乗せる

飼い主の体に前脚をかけてひっかくのはほとんどの場合、何かを要求しているときです。「ねえねえ」と飼い主の気を引きたかったり、家族の食事中なら「それ、僕（私）にもちょうだいよ」といった意味があります。このとき、飼い主が反応すると、ひっかけば飼い主が気にかけてくれると学習します。ひっかかれてもリアクションをとらず、犬が主張を引き下げた際にこちらから声をかけてください。

また、不安を感じたときはひっかかずにそっと前脚を飼い主のひざや腕に置きます。飼い主に触れていられることで安心しますし、前脚を乗せるのは犬にとって落ち着くしぐさのようです。このときは優しく撫でて落ち着かせてあげましょう。

前脚をかけるのは、母犬からお乳をもらっていたとき、乳房を押していた名残りだと言われています。催促や要求のときによく出るしぐさです。

11 散歩中にリードを引っ張る

散歩のときに犬がぐいぐいと飼い主を引っ張る姿はスマートでないばかりか、飛び出してきた人や自転車と犬が接触する事故の原因にもなります。まずは飼い主のペースに犬が合わせて歩くことの楽しさを教えましょう。犬に強く引っ張られたときは引っ張り返さずに一旦止まります。飼い主の動きに合わせて犬も止まることができたら、ご褒美として散歩を再スタートします。引っ張ったらもう一度繰り返します。再スタートするときには、声をかけてあげるとよいでしょう。そうすると徐々に「飼い主の側にいると安心」だということを学習できます。また、首輪が外れやすい犬種や、気管が弱い子はハーネスを使用するとよいでしょう。

犬に引っ張られて歩く姿は、見た目もスマートとは言えません。飼い主主導に切り替えましょう！

12 マウンティングをする

未去勢のオスにとってヒートの時期のメスのにおいは絶大。集合住宅にお住まいの方は、マナーの面も考慮して避妊・去勢を検討しましょう。

人や物、ほかの犬にまたがって腰を振るマウンティングは性的な意味だけをもつわけではありません。自分の優位性を示す行動でもあり、子犬同士はマウンティングをしながら社会性を身につけます。子犬のうちは遊びの一環として見守りましょう。思春期以降はマウンティングしていいもの、いけないものを教えてください。人の脚にマウンティングすることは体裁的にも許容できませんが、ぬいぐるみは許容範囲にしましょう。特にオス犬は本能でするものですし、ストレス解消にもなります（気の強いメスがやることも）。「かっこいいね～」とほめることで、ぬいぐるみを正しい興味対象にし、人にまたがることを軽減させることができます。

13 飼い主の食べ物をおねだりする

人間の食べ物を犬に与えることが不適切であることは周知の事実です。けれど、可愛い愛犬に「お父さんとお母さんが食べているそれ、欲しいな」と見続けられるのは案外辛いもの。ですが、迎えた日から必要以上の食べ物は与えないと心に決めてください。「要求をすれば何かを得られる」ということを学習させるか否かは、飼い主次第なのです。人間の気まぐれで一度でも経験すると、犬は「要求は通る」と学習し、今後継続的にあらゆる方法で要求するようになります。子犬の頃に「自己欲求は簡単に満たされる」と学習した成犬の矯正はかなり困難ですので、健康と長生きのために今日から飼い主側が強い意志を持つことが重要です。

ドッグフードと人間の食べ物の違い

犬にとって人間の食べ物が適切だとは限りません。食べ続けると肥満、腎臓病、肝臓病の原因に。一見、それとわからなくてもネギ類、チョコレート、キシリトールといった、犬に有害なものが含まれていることもよくあります。

「可愛いから」といって人間の食べ物を与えるのはNG。愛犬に長生きしてほしいのなら犬の食性を飼い主が学んでください。

14 物をくわえて離さない

犬は骨格上、くわえたものを離さないようにできています。靴や洋服などをくわえてしまったとき、無理に取り上げようとするとますます興奮して離さなくなるもの。犬をよく観察すると噛んだものから一度口を離して噛みなおす瞬間があります。まず、その瞬間を待ちましょう。口を開けて噛み方がゆるんだタイミングで「出して!」と言います。このとき、取り上げないことが重要です。すかさず「よくできたね」とご褒美としてもう一度噛ませてあげてください。「出して」→「ものを離す」→「ご褒美」という偶然が続くうちに、犬は「出して」でくわえていたものを離すようになります。ボール遊びのときも同様で、そのときはボールで遊ぶことを「ご褒美」とするのも有効です。

犬の骨格

犬歯は次々に弓なりに生えていて一度噛みついたものはどんどん、奥に送り込めるような骨格になっています。

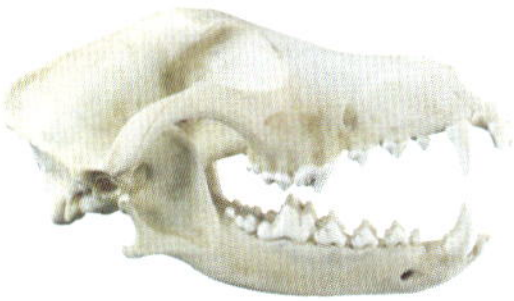

15 拾い食いしようとする

「出して！」では間に合わないことが多い拾い食い。とはいえリードを張ると逆に興奮させることもあります。

117ページの「出して」をしっかり練習しておけば安心ですが、いざとなると飼い主のほうが慌ててしまって、うまくできないことが多いものです。拾い食いをしたときに慌てて飼い主が駆け寄ると、犬は逆に興奮し、拾い食いを楽しいことと学習します。口に入れたものを無理に取り上げると、犬は食べ物を取られたと認識し「次からはさっさと飲み込んでしまおう」と考えるようになります。対応法はいろいろありますが、まずは「出して」の要領で、噛みなおした瞬間に代替物を与えほほめあげましょう。それでも執着する場合は「匂いの興味をなくす」コマンド（指示語）も有効でので、専門家に相談しましょう。

16 興奮すると おもらしすることがある

子犬やメス犬に多い行為です。特にお留守番をしていて、飼い主が帰宅したとき、来客を迎えたときにうれしさのあまり、おもらしをしてしまうことが多いようです。「あなたが大好きでたまらないの！」という心の表れですから叱っては動揺させます。嬉しそうに近寄ってきたら、おすわりをさせ触ることで「落ち着いたご褒美」として挨拶ができますので、徐々におもらしを軽減できます。帰宅時におもらしをしてしまう犬は、「ただいま」の挨拶をトイレの上でするのも有効です。子犬の場合は嬉しさをコントロールできないので、焦らずに落ち着いて対応に努めましょう。

「もれちゃうくらいあなたが好き！」という犬は従順で素直な犬だともいえます。そこで叱ると困惑することも。

Q 散歩の途中で動かないときはリードを引っ張ってもOK？

A 犬が動いたときに誘導して

まずは飼い主主導の散歩であれば犬は喜んでついてくるもの。もし、病気やケガで動かない場合はすぐに抱き上げて家に戻りましょう。自己主張で動かないときは、犬を見ずに飼い主の望む方向に誘導し、諦めてついてきたらほめてあげます。このとき、リードは「子どもの手」だと思ってください。トラウマがあってどうしても行きたくない場所では、ガンとして動かないこともあります。この場合は抱き上げて場所を移動してもよいでしょう。

引っ張り合いはお互い意地になってしまうので、向き合っての引っ張りっこは避けて。

Chapter4

病気のサイン36

犬の健康状態は日々のことから始まります

愛犬がいつもと違う行動をしていませんか。それはひょっとしたら体調不良や病気によるものかもしれません。元気があるかどうか、食欲はあるか、足の先端に傷などはないか、目や耳、皮膚に異常がないか、いつもと違うにおいがしないか……など、変わったところがないかを毎日確認してあげましょう。

また、便や尿のチェックも欠かさずに行ってください。人間の医学の歴史でも、尿と便の検査は遥か昔から注目されていました。さまざまな病気によって、消化器や泌尿器は影響を受け、排泄物の状態が変化するからです。犬の場合も人と同様です。ふだんから尿や便を注意して観察しておけば、わずかな体調の変化をより早く察知できます。もちろん、すべての変化が病気というわけではありませんが、暑いときに水分を十分に摂らなければ濃い尿が出ますし、鉄分が豊富な食事を与えたときには便の色が黒くなったりします。通常の生理変化の範囲なのかどうなのかは、獣医師でも即座には判断できません。だからこそ、飼い主の判断でこういった少しの変化を放置しないように気をつけたいものです。はっきりしない場合は検査をすれば原因を突き止めることができます。

変化を読み取る

この心がけこそが、早期発見→早期治療・治癒につながるのです。

日頃から愛犬の様子を見ておき、おかしいなと思ったら動物病院に行きましょう。また、犬もある程度の年齢になると、徐々に免疫力が低下し、さまざまな病気にかかりやすくなります。早期発見、早期治療のために、気になるサインをご紹介します。

01 ボリボリと足でかくことが頻繁にある

体をかきむしっているときは、かいている皮膚をよく調べてみてください。皮膚炎が原因でかゆみを感じている場合は、皮膚に赤みや発疹が出ています。皮膚に何の異常もないのにかゆがっているのは、ストレスが原因の心因性の症状の可能性が。そのまま放置していると健康な皮膚をかきこわして、出血や化膿を引き起こすことになります。あまりに体をかき続けているときは獣医師に相談してください。かゆみ止めの注射や薬で対症療法をすれば犬も楽になりますし、その後、原因を特定して、それに応じた治療方針を立ててくれます。

考えられる疾病　**ストレスによる皮膚病、アレルギー性皮膚炎** など

炎症がないのに犬が異常にかゆがるのは、精神面に起因することが多いようです。

02 抜け毛がひどい

抜け毛の原因はさまざまです。日本犬のように上毛と下毛があるダブルコートの犬種は季節の変わり目にかなり大量に被毛が抜けて生え変わります。また、10歳以上の老犬の毛が徐々に抜けて薄くなるのは老化現象の一種ですから、心配ありません。

地肌が丸見えになるような病的な脱毛はホルモン異常による内分泌疾患、真菌性（カビ）・細菌性の感染症、アレルギーなどの理由が考えられます。早めに動物病院で原因を突き止め、治療を始めましょう。脱毛が気になったら、かゆみの有無、皮膚の赤み、脱毛の様子などを観察してください。

考えられる疾病　**アトピー性皮膚炎、アレルギー性皮膚炎、真菌性・細菌性皮膚炎、内分泌疾患** など

たくさん毛が抜けるように感じたら、円形脱毛や発疹などを伴っていないか体のあちこちを確認しましょう。

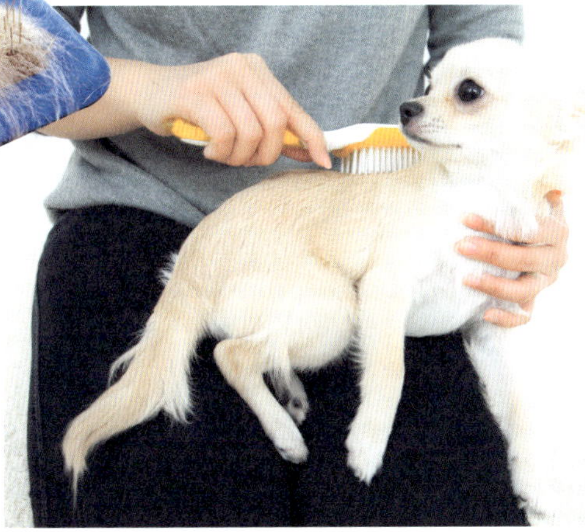

03 急ににおいがきつくなった

犬には特有の体臭があります。子犬の頃は特に気にならなかった犬でも生後6か月を過ぎ、思春期を迎えると体臭が大人のそれに変わります。それを体臭がキツくなったと勘違いすることも。犬臭い、という表現がされますが、健康な犬の場合は香ばしい香りがするもの。犬を抱きしめてにおいを嗅いでみてください。体臭の強弱には個体差がありますが、不快感のあるものでなければ問題ありません。鼻をつくようなにおいがする場合は皮膚に問題があります。日頃から愛犬のにおいをチェックして体臭の変化に敏感になっておきましょう。

考えられる疾病 **皮膚病**

洋犬の長毛種は特に皮膚病にかかりやすいので注意が必要です。まめににおいを確認して、異変には迅速に対処を。

04 口が臭くなった

歯石がたまって歯周病になっている可能性が大です。口の中をチェックして、においがひどく、歯と歯茎の際に黄色い歯石がこびりついていたら、動物病院でスケーリングをしてもらってください。歯石を取り去るだけでも、悪臭はだいぶ良くなります。放っておくと歯周病が進行し、いずれ歯が抜け落ちてしまうことに。日頃から歯磨きをするほか、食事にはドライフードを適宜取り入れ、柔らかい餌ばかり与えないことが予防になります。ただし、こびりついてしまった歯石は歯磨きでは取れません。

考えられる疾病　**歯肉炎、歯槽膿漏、口内炎** など

定期的な歯磨きと、こまめに口の中をチェックすることで、口臭はかなり予防できます。

スケーリングは超音波で歯石を取る方法。施術には全身麻酔が必要です。

05 耳が臭い

鼻をつく不快なにおいを発しているのは、外耳炎や中耳炎など、耳の異常を意味しています。おそらく耳をかゆがって頭を振ったり後ろ脚でかきむしっているはず。放っておくと耳から出血し、悪臭もひどくなるので、早めに動物病院で治療してください。特に垂れ耳の犬は湿気がこもりやすく、耳の病気になりやすい＝臭くなりやすいので、こまめな耳掃除とにおいチェックを欠かさないようにしましょう。愛犬の耳を傷つけてしまいそうで怖い、という飼い主は動物病院でも耳掃除をしてもらえます。その場合は病気の有無もチェックできるので安心です。

考えられる疾病　**外耳炎、中耳炎** など

垂れ耳の犬は定期的に動物病院で耳のチェックをしてもらい、トリマーに耳の毛を抜くか、カットしてもらうのがおすすめ。

06 皮膚に傷を発見！

犬同士の喧嘩でできた傷には要注意。犬の牙や爪は細菌が多く、それによって皮膚が傷つけられた場合、化膿することがあります。また、胴体を噛まれた場合、内臓まで達していることも。喧嘩の後で出血していたら、念のため動物病院で化膿止めの処置をしてもらうことをおすすめします。

足の裏に傷がある場合は要注意。体重の負荷によって高確率で趾《し》間炎《かんえん》（指の間の炎症）を起こします。傷があるまま数歩歩くだけで趾間炎を起こすことも。散歩の後は必ず足の裏をチェックして肉球の異常がないかどうかを確認してください。

考えられる疾病 **細菌性皮膚炎、趾間炎** など

小さな傷はすぐ治ったように見えますが、細菌は体内に入っています。散歩時はケンカをさせないようにすることが大切。

07 皮膚が妙に荒れている

夏場になると肌荒れを起こす犬は意外に多いものです。高温多湿の日本の夏は、犬にとっては苦手な季節。特に寒冷地原産の犬種や長毛種は皮膚疾患を起こしやすくなります。早めにエアコンを入れたり、サマーカットにしておくことがおすすめ。

湿度が高くなると外耳炎や皮膚炎の心配も高くなります。特に垂れ耳の犬は耳のチェックをこまめにしましょう。パグ、ブルドッグのような短吻種はしわの間に汚れがたまり皮膚炎を起こすことがあります。できるだけ毎日、固く絞ったガーゼやタオルで汚れを拭き取って、清潔を心がけてください。

考えられる疾病 **ストレスによる皮膚病、アレルギー性皮膚炎** など

パグ

短吻種の代表例。中国原産の愛玩犬で、愛嬌のある顔が特徴。顔のしわの中で細菌が繁殖しないように、まめにケアしてあげましょう。

コッカー・スパニエル

皮膚がデリケートな長毛種のため、皮膚炎にかかりやすい傾向があります。また、外耳炎にもなりやすいので耳のケアも大切です。

ジャック・ラッセル・テリア

皮膚が弱そうには見えませんが、じつは非常にデリケートな犬種。皮膚や住環境を清潔に保ち、発疹などがないか常に注意を。

08 皮膚が赤くただれている

皮膚炎のほか、虫刺され、アレルギーなど、ただれの原因はさまざまです。どうしてただれているのか、心当たりを探してください。また、海に出かけた犬が海水でただれを起こすこともあります。海に入った後はよく水で流し、帰宅したら早めにシャンプーすることをおすすめします。

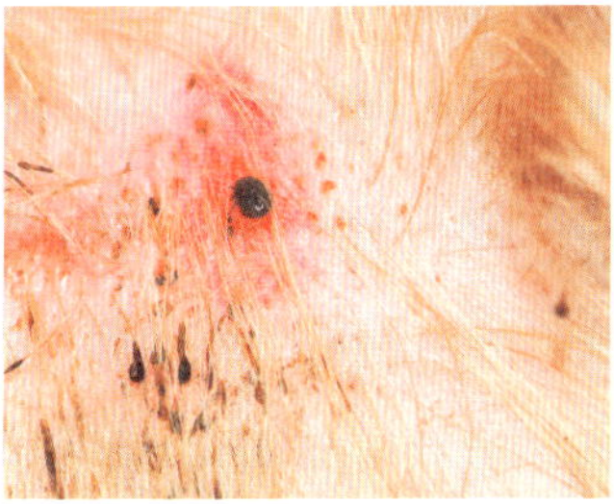

考えられる疾病

皮膚炎、虫刺され、アレルギー など

かゆがるときは動物病院でかゆみ止めの注射を打つか、塗り薬、飲み薬をもらいましょう。

自然とのふれあいはノミ・ダニにご用心！

最低でもキャンプに行く1週間前には予防薬を使いましょう。草深いところには虫がたくさんいますから、垂らす薬と飲み薬をダブルで使うとベストです。帰って来たらしっかりシャンプーを。ただ、安全面からいうと、特に都会育ちの犬が山や海にキャンプに行くのはあまりおすすめできません。

09 皮膚にイボができた

老犬になると、体にイボ（腫瘍）ができることが多くなります。乳首のように肌の色と変わらないイボがポツンとできるのは乳頭腫という良性のイボですから、心配ないと言われています。ただ、実際は獣医師による検査でなければ良性、悪性の診断はできません。素人判断は危険ですから、イボができたらまず、動物病院で診断を受けてください。イボができた部位にもよりますが、良性であれば必ずしも手術で取り去る必要はありません。

色が濃かったり大きくなっていくものは悪性である可能性が高く、手術が必要になります。

考えられる疾病

良性腫瘍(乳頭腫)、
悪性腫瘍(肥満細胞腫など)

肥満細胞腫は進行と浸潤が早く、手術をしても取りきれないことがあります。

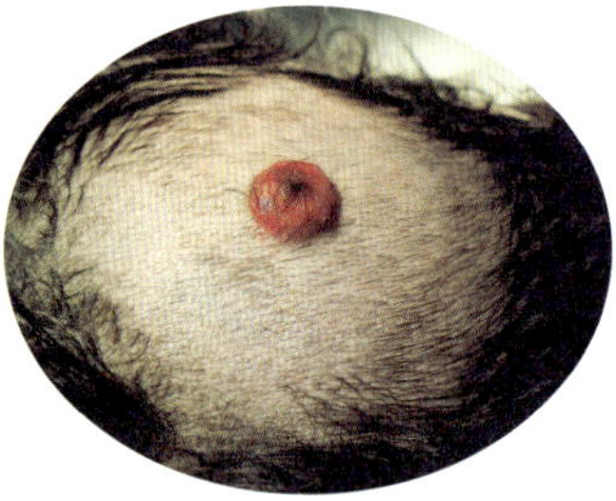

腫瘍は悪性と良性がある

悪性腫瘍＝一般的なガンのこと。１日でも早い治療が大切です。良性腫瘍はガンではない腫物。ガン化する可能性は低いとされますが、経過観察をしていると安心です。

10 体を地面にこすりつける

背中がかゆい、けれど背中には足が届かない……という理由で、体を地面にこすりつけています。背中の皮膚をチェックして赤みや湿疹はないか、ノミ、ダニなどはいないかということを確認してください。地面以外にも柱などに座ったまま背中をこすりつけている場合もあります。ノミやダニがいたら駆除してシャンプーした後ノミ取り薬を使いましょう。

短時間で起き上がってケロリとしているなら突発的なむずがゆさか、ただ遊んでいるという場合がほとんどなので必要以上に心配しなくても大丈夫です。

考えられる疾病 **皮膚炎、寄生虫** など

短時間なら、ただ、寝っ転がって遊んでいるということも。こすりつけながらキャンと鳴いたら、かなり強いかゆみがあります。

11 体に触られるのを嫌がる

触ったときに痛みを訴えるか、その場合はどこなのか、怯えた様子なのかということをきちんと獣医師に相談して善処してください。

触ったときにキャンと鳴いたら、体のどこかが痛いということです。痛みの箇所を特定して動物病院に行ってください。

また、老犬の場合、ぼけが進むと飼い主と他人の認識が薄くなります。そのため、急に触られると「あなたは誰？」とびっくりして怯えることも。その結果、触られることが苦手になることがあります。特に若い頃、神経質だった犬に多い症状です。怯えた様子を見せている犬を触るときは声をかけたり、手のにおいを嗅がせながらゆっくり接してください。飼い主であることがわかれば、安心して落ち着きます。

考えられる疾病　**痛みを伴う病気、骨折、ケガ全般、ぼけ** など

12 散歩に行きたがらない

犬は本来、散歩が大好きです。散歩に行きたがらないのは、体調不良の証拠。内臓疾患でだるく動きたくない、ケガで脚が痛いという可能性があります。

また、老犬になると無気力になりがちで、それまで大好きだった散歩に行きたがらなくなることは珍しくありません。出かけたのはいいけれど、犬のほうが早く切り上げて家に帰りたがることもあります。年齢相応に起こってくることですから、健康診断で病気の問題がなければ、意思を尊重してあげましょう。飼い主が引きまわすとストレスになります。臆病な子の場合は視力が低下すると外出を尻込みすることがあります。外の明るさによって反応に差があるときは視界が悪くなっているのかもしれません。

考えられる疾病

内臓疾患、ケガ、老犬特有の無気力、視力低下 など

虐待された経験のある保護犬や、外の世界を知らずに育った犬は散歩に行くことを怖がることも。専門家に相談して根気よく付き合ってください。

13 目ヤニが出る

透明な目ヤニの場合は、それほど心配はいりません。濃い黄色、黄緑色の目ヤニは目の炎症、感染症を起こしている可能性が高いです。目薬で治療できますから、動物病院で診察を受けた上で処方してもらってください。炎症、感染症は目を傷つけることで起こります。まつ毛の長いビーグルやスパニエル系、目が飛び出ているパグやシー・ズー、ブルドッグ系の犬は目を傷つけやすいので要注意。むやみに植え込みや草むらなどに入らないようにしてください。

瞼がめくれる眼瞼内反および外反の場合も目ヤニが多くなります。瞼の異常がひどい場合は手術も視野に入れてください。

考えられる疾病 **目の炎症、感染症、眼瞼内反、眼瞼外反** など

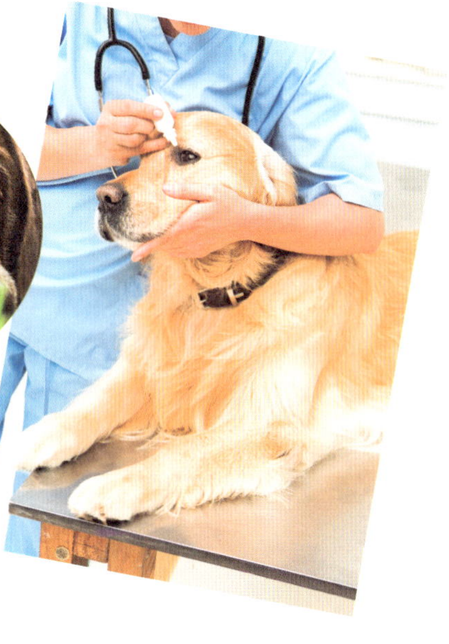

涙のような薄い目ヤニはさほど心配いりませんが、黄色い目ヤニは要注意。時には目の内側が炎症していることも。目はデリケートな部位なので早めに獣医師に相談してください。

14 目がなんだかおかしい

右の写真はチェリーアイの症例ですが、犬の目は血管が多く、通常でも白目が赤く見えます。平常時の赤さを写真で記録しておくと、充血が異常なのか判断しやすくなります。

タレ目の犬やまつ毛の長い犬は、ほこりや細菌が入りやすいので、予防のために時々人工涙液を点眼してあげると効果的です。

白目の色、瞼の形、片目をつぶっていないか、しばたたかせていないかということをチェックしてください。目頭の裏側にある第３の瞼が表面に出てきて、粘膜がめくれているように見えるのはチェリーアイという症状です。瞼の変形はものもらいなどの可能性があります。目だけの異常であれば目薬の使用で対症療法をすれば命に別状はありません。ただ白目が黄色くなるのは肝機能障害を起こしているおそれがあります。全身の病気の前兆が目に現れることもありますから、目薬をさしているから大丈夫と油断せず愛犬の様子を常に観察してください。

考えられる疾病 **肝機能障害、チェリーアイ、結膜充血、眼球の大型化・突出、全身の病気の兆候、ものもらい** など

15 咳をよくする

ゴホンゴホン程度の咳なら心配ありませんが、数日以上にわたって長引く咳は気管支の疾患、肺の疾患、心臓疾患などが考えられます。その場合、病気によって咳の症状が違います。診察を受けるときにはいつ咳をするのか（食後、運動後、寝起きなど）、乾いた咳なのか、タンが絡むような咳なのかということをなるべく詳しく獣医師に伝えてください。

感染症である犬パラインフルエンザ（ケンネルコフ）も咳をする病気です。ですが、毎年、混合ワクチンをきちんと打っていればかかる心配はありません。

考えられる疾病 **気管虚脱、肺水腫、肺ガン、心臓疾患** など

犬もむせたり、のどがいがらっぽくなることがあります。咳き込んでもすぐに治まっていれば心配ありません。

16 やたら水を飲んでやたら尿をする

水を飲んでは多量におしっこを出す、多飲多尿の原因は腎機能の低下、子宮蓄膿症、ホルモン異常、糖尿病など。飲む水の量を減らすと脱水症状を起こしかねないので危険です。1日（24時間）に飲む量を計量し、異様に飲んでいないか確認をしたいところ。ただし、多飲多尿の判断は、居住環境や個人差にもかなり左右されるので、最終的な判断は計測値を踏まえた上で尿検査などと合わせて行います。

考えられる疾病 **糖尿病、慢性腎不全、子宮蓄膿症、ホルモン異常** など

素人判断で飲む水の量を制限するのは危険です。まずは飲む水の量をきちんと量り、本当に飲みすぎているのか調べましょう。

17 尿のにおいが変わった

健康な尿は透明な薄黄色で、排泄した直後はそれほどにおいません（健康な尿でも時間が経つと悪臭はします）。

急に色が濃くなったり、においが強くなると不安になりますが、尿は水の摂取量や食べ物などの影響を受けやすいものです。ですから、犬が元気なら１～２回の違和感であれば経過を見ても大丈夫。ただ、元気であっても血尿などの異変や異常が数日続くようなら病院に行ってください。尿が出ずにぐったりしていたり、排尿時に痛がるような素振りを見せたら、すぐに病院へ。重篤な病気の可能性があります。

考えられる原因・疾病

尿のチェックポイント	考えられる原因
色が薄い	水の飲みすぎ／腎臓からの尿生成が多い
色が黄色い	水が足りていない／黄疸が出ている／ビタミン剤の影響
色が赤い	血尿／血色素尿
色がこげ茶	腎臓から膀胱のどこかから出血していて、時間が経っている
濁っている	雑菌の繁殖／粉状の尿結石／炎症によるタンパク産物が混じっている
腐ったような臭いがする	雑菌の繁殖
勢いが弱い	結石や腫瘍で尿路がふさがっている
少量を頻繁にする	膀胱炎

18 下痢が続いている

消化不良、食中毒、寄生虫、腸の病気など、下痢にはさまざまな原因が考えられます。血便や嘔吐を伴い、ぐったりしていたらすぐに病院へ。下痢をしていても元気がある場合、食事を１食抜いて様子を見て、それで治まるようなら単なる食べすぎでしょう。ただし、下痢が長期間続くと、元気はあってもいずれ脱水症状が起こり、命にかかわるおそれがあります。特に幼齢・老齢、病弱な犬ほど下痢による消耗が早く激しいです。深刻な病気によることもあるので、診察のタイミングに迷ったら電話で簡単なアドバイスを仰ぎ、数日経っても下痢が治まらなければ獣医師の診察を受けてください。

考えられる原因･疾病

便のチェックポイント	考えられる原因
色が薄い	下痢気味で水分が多い／胆汁が十分に出ていない
色が茶色い	食べ物の変化
色が黒い	胃から小腸など、消化管の上流で出血している／鉄分の多い食事の影響
色が真っ赤	大腸から肛門など、消化管の下流で出血している
硬すぎる	水分不足／便秘で長い間大腸にとどまっていた
下痢	腸のトラブル全般
排泄に時間がかかる	下痢と便秘の両方に見られるが、大腸腫瘍の可能性も

19 便秘することが多い

数日間、大便をしない犬の場合、会陰ヘルニアを起こしていることがしばしばあります。ヘルニアによる便秘は、慢性的に排便をしぶったり、肛門の周りに不自然な膨らみができる兆候があります。普段からそのような様子がないか気をつけてください。

ほかに前立腺肥大、巨大結腸症、腸の腫瘍（ガン）などでも便秘を起こします。また、老犬になると便秘がちになるケースも多いものです。便秘がちな犬の場合、排便したときに便をよく観察し「硬さ」「太さ」「形状（平べったい、丸い、バナナ形など）」をメモしておき、獣医師に相談すると詳しい検査をするかどうかの目安にもなり、的確なアドバイスがもらえます。

考えられる疾病　**会陰ヘルニア、腸の腫瘍、前立腺肥大、老化、巨大結腸症** など

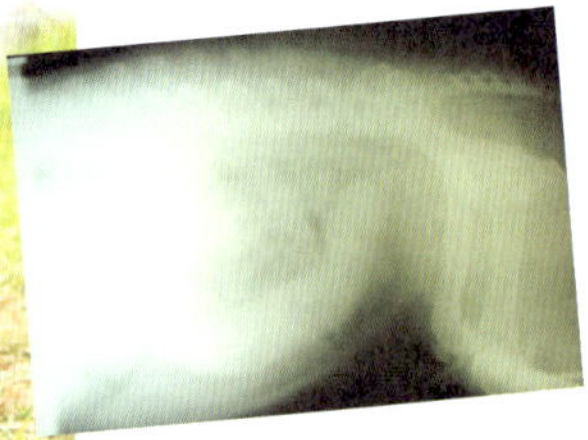

慢性的な便秘が積み重なり、巨大結腸症になった犬のレントゲン。高齢犬は便秘になりやすいので繊維質を食べさせ、便秘防止を。

20 血のようなものを吐く

鮮血でなく、茶っぽいタンや赤みがかったよだれ状のものを吐くことも。これも血液です。

血管はホースのようなつくりではなく、細かい細胞が網目構造になったものです。何らかのトラブルでその網目が崩れると、血液が漏れ出して肺に漏れてしまうことに。すると、咳き込みながら血や、血が混じったタンを吐くことがあります。原因としては心臓疾患、肺疾患や熱中症が考えられます。

そのような症状が出た犬はすでに肺が血液で水浸しになり手遅れに近い状態のことが多いもの。手を尽くして治療しても短命に終わることが多いようです。ただ、急な熱中症以外は慢性の咳があるなど何らかの予兆がありますので、早期の受診が大切です。

考えられる疾病　**心臓疾患、肺疾患、熱中症** など

21 この頃、吐くことが多い

「吐く」にはものを食べてすぐに吐く「吐出」と、食べてしばらく経ってから吐く「嘔吐」の２種類があります。嘔吐の場合、吐いた後にケロリとしていれば心配いりません。吐いた食べ物を再び食べてしまう犬もいますが、これは「もったいない」という理由からで、人間から見て見苦しい以外は問題ありません。

吐出後にぐったりしているときは毒物中毒のおそれも。吐瀉物を持って病院に駆け込んでください。また、吐出、嘔吐が続く場合は誤飲や、何らかの病気が原因なことがほとんど。できるだけ吐瀉物を持参し、早めに受診することをおすすめします。

考えられる原因・疾病

【嘔吐】	・たまたま吐いてしまった ・食べすぎ ・空腹で胃液を吐いた ・ドッグフードが古くて腐っていた ・胃に異物がある ・胃に炎症や腫瘍がある ・内臓疾患 ・感染症による衰弱
【吐出】	・食道狭窄 ・巨大食道症

22 食欲がない

生まれつき食の細い犬もいますが、ほとんどの犬は食べることが大好き。少し具合が悪くても食事はしっかり食べます。食欲がないというのは体調不良レベルが中程度以上に進んでいます。すぐに病院に行って診察を受けてください。さらに、いつも喜ぶおやつなど好物も食べられないのは、かなり重症です。

内臓疾患のほか、ケガや口内のトラブルなど、さまざまな原因が予想されます。口内のトラブルであれば適切な治療を受ければ回復し、食欲も戻ります。しかし内臓疾患が原因の場合や老犬の食欲不振は命を落とすこともあります。

考えられる疾病　**内臓疾患、感染症、ケガ** など

極小犬の中にはまれに食の細い犬もいますが、いつもの量を把握して、食事量を確認してください。

23 食べているのに痩せてきた

ダイエットをしているわけではなく、食欲もあるのに痩せてくるのは大問題。腸粘膜の炎症による消化不良、肝機能低下、ガンなど、さまざまな理由が考えられます。実際に痩せているかどうかは体重を量ってみないとわかりません。被毛の生え変わりによって痩せて見えているだけということもあります。週に１度程度は体重を量って記録してみましょう。小型犬には人間の赤ちゃん用の体重計がおすすめです。また、老犬は加齢による肝機能低下を起こしやすく、油断するとすぐにやつれた雰囲気に。獣医師に相談して適切な指導を受けてください。

考えられる疾病

消化不良、肝機能障害、ガン など

太るより安心と、痩せ始めても気にしない場合がありますが、重篤な疾患の場合も。食事量を増やしても痩せるようなら要注意です。

単純な消化不良の場合は、消化酵素剤を飲ませると改善することが多いのですが、炎症などを伴うと治りにくい場合もあります。痩せてきた気がする場合は、愛犬の全身を触り、骨が妙にごつごつしていないか確認を。

24 いつまでも鳴きやまない

突発的にキャンと鳴くのは痛みやかゆみによるものです。しかし、犬は痛みを感じたとき、いつまでもキャンキャンと鳴き続けることはありません。どこかが痛む犬は元気をなくしてうずくまり、じっと耐えるものです。

キャンキャンといつまでも鳴き続けるのは精神的な原因が考えられます。長時間の留守番や運動不足によるストレスが原因かもしれません。愛犬の生活環境を見直しましょう。老犬の場合はぼけによって鳴き続けることもあります。この場合、抱いてあげると治まることもあります。

考えられる疾病 **ストレス性疾患、老犬のぼけ** など

考えられる原因

子犬
- 寂しい
- 親やきょうだいが恋しい

成犬
- 運動不足でイライラする
- ストレス

老犬
- ぼけ
- ストレス

「痛い、痛い」と騒ぐのは人間だけ。犬がいつまでも悲痛な声を上げているのは、精神的な原因がほとんどです。

25 脚をかばって歩いている

　まず、すべての足の裏を調べてください。ケガによって肉球を傷つけているか、趾間炎を起こしている可能性があります。出血や腫れがあったら動物病院で化膿止めの処置をしてもらい、治るまでの散歩は控えめに。患部に薬を塗る場合はエリザベスカラーが必要になることもあります。

　肉球や指の間に目立った異常がない場合は、関節炎、ねん挫などが考えられます。この場合も動物病院を受診の上、運動はしばらく休んでください。無理に動き続けると悪化して、患部が治らなくなることもあります。

考えられる疾病　**肉球の損傷、趾間炎、関節炎・ねん挫** など

趾間炎の場合、脚をかばうなどの行動を伴わない場合もあるので、傷や炎症がないか目視による確認も大切です。

26 脚をひきずっている

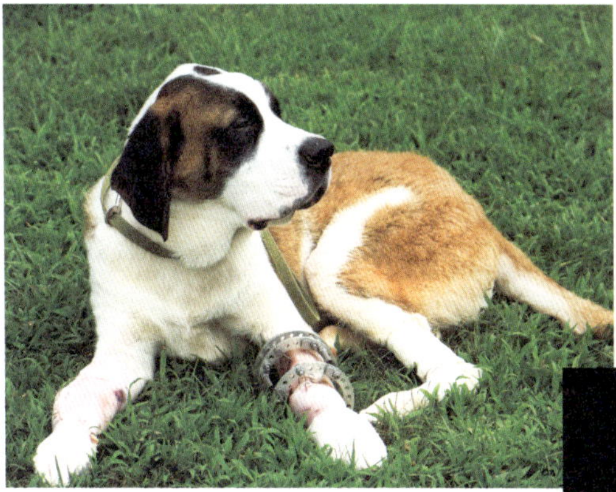

骨折して手術をし、保護金具をつけるセントバーナード。手術はリスクを伴いますので、ギプスで固定して治療する場合もあります。

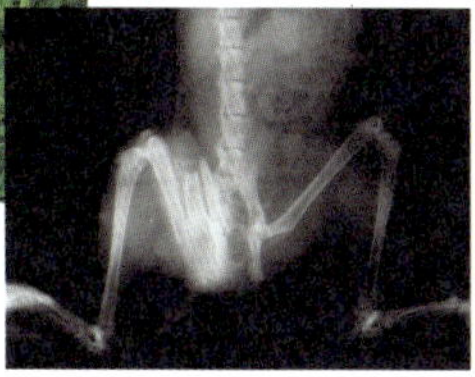

骨折したレントゲン写真。骨折の場合、骨が折れてすぐ～数日の間の対処の違いで治療の方法が変わります。とにかく早めに来院しましょう。

脚をひきずって数分～数時間程度で元通りになるのは人間にたとえると「ちょっと脚をぶつけて痛い！」程度のことなので必要以上に心配しなくても大丈夫。また、賢い犬の中には飼い主の気をひくためにわざと脚をひきずって見せることもあります。このときもそれほど長くは続きません。

翌日になってもひきずっていたり、頻繁にひきずるようなら、関節炎などのトラブルが予想されます。触ってみたときにひどく痛がって「キャン」と鳴くのは骨折やねん挫のおそれがあります。すぐに病院へ行きましょう。

考えられる疾病 **関節炎、腫瘍、骨折** など

27 急にへっぴり腰になった

脚の力が抜けてへたり込んでしまった場合、もっとも大きな原因になり得るのは椎間板ヘルニア。放っておくと下半身麻痺を起こす可能性が高い病気です。ダックスフント、コーギーなど胴長短足の犬種、太りすぎの犬はヘルニアを発症しやすい傾向があります。これらの犬が腰が砕けたような状態になったら、安静を保ってすぐに病院へ。手当が早ければ半身不随を免れる可能性があります。また、肛門腺トラブルで腰を落とすこともありますが、その場合は後ろ脚の力が衰えず、踏ん張れます。動物病院で肛門腺を絞ってもらい、疾患があれば治療してもらいましょう。

考えられる疾病 **椎間板ヘルニア、肛門腺トラブル** など

椎間板ヘルニアの場合、後ろ脚の力が抜けるようにへろへろになります。踏ん張れるようならほかの原因が考えられます。

28 ナックリングを起こしている

なんとなく歩き方がおかしい、ぎくしゃくしていると感じた場合は、まず後ろ脚に注目してください。下のイラストのように肉球を使わず、足首の部分を地面につけて立ったり歩いたりしていませんか。立つときに足首を使うことを「ナックリング」と言い、椎間板ヘルニアの症状のひとつです。

ナックリングは椎間板ヘルニアの症状としては比較的、早期の部類に入ります。この時期なら投薬治療で治る可能性が高くなります。治療が早ければ早いほど、犬の負担も費用も軽くなりますから、すぐに動物病院に相談してください。

考えられる疾病 **椎間板ヘルニア** など

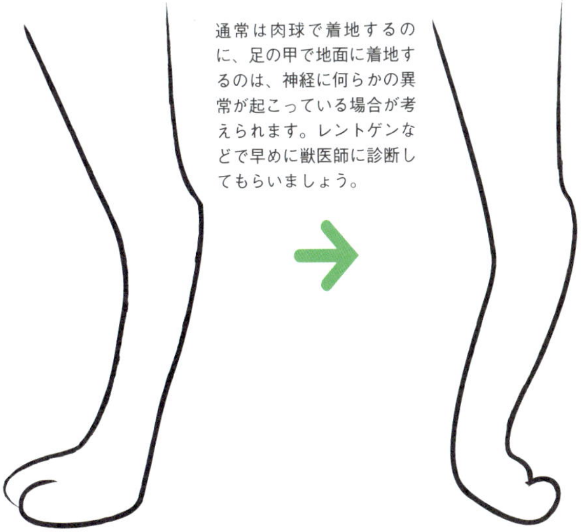

通常は肉球で着地するのに、足の甲で地面に着地するのは、神経に何らかの異常が起こっている場合が考えられます。レントゲンなどで早めに獣医師に診断してもらいましょう。

29 後ろ脚を前に投げ出して座る

人間のようでとても可愛らしいしぐさですが、犬が写真のように脚を投げ出して座った場合、椎間板ヘルニアの可能性があります。早めに動物病院で診断を受けてください。

胴長短足のダックスフント、コーギー、肥満した犬は特に注意を。これらの犬はもともと背骨に負担がかかりやすく、椎間板が飛び出してヘルニアになりやすいのです。階段の上り下りやジャンプは背骨に負担をかけやすい動作ですから、段差は抱いてあげる、激しい運動は控えるといった工夫も予防になります。肥満犬は減量することが先決です。

考えられる疾病　**椎間板ヘルニア** など

椎間板ヘルニアにならないためには、肥満を防ぐのが一番。加えて、ヘルニアになりやすい犬種は激しい運動は避けましょう。

30 体温が低く震えている

犬の平熱は38.5～39.5度。人間よりもかなり高めです。体温が38度以下になると低体温症。これはかなり体調が悪い状態です。ブルブルと震えていたり、すでにぐったりしていることもあるかもしれません。そのままでは命にかかわります。毛布やカイロで温めてあげて、すぐに病院に行ってください。

老犬の場合は体温が低いことが多く、37.5度くらいになることもあります。震えがなく食欲があっても保温してあげてください。元気そうだからと放っておくと、体調を崩すことになりかねません。

考えられる疾病 **外傷、内臓疾患** など

湯たんぽやカイロなども保温に役立ちます。カバーをしっかりつけて、火傷をしないように注意してください。

エアコンで室温を上げた上で、毛布などをかけて保温を。

31 グッタリしていて体が熱い！

夏場や、閉めきった場所でぐったりしていたら、熱中症のおそれがあります。まず体を冷やすこと。ただし、一刻を争いますから、もたもた冷やしているくらいなら、お腹を水に濡らした状態で、すぐに病院に駆け込んでください。救命率はぐんと高くなります。水で冷やして一時的に元気になったように見えても、数時間後に症状が再び悪化して命を落とすこともあります。また、よだれや血タン、泡を口から吐いている場合、熱中症に見えてもじつは違う病気だったというケースもあります。症状が落ち着いたとしても、診察は必ず受けてください。

考えられる疾病

熱中症 など

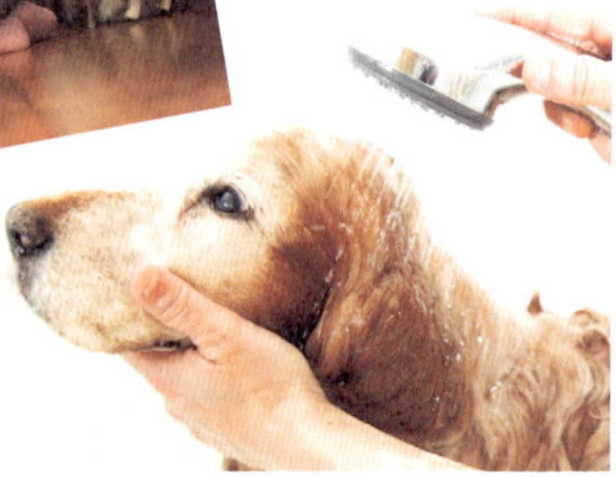

「熱中症!?」と慌てて水をかけ、全身をずぶ濡れにするのはNG。急激な低体温症を招き、かえって危険です。さっとお腹を水に浸けて、病院へ急いでください。

シャワーで冷やす部分

太い血管が通っている部分を冷やします。全身を水に浸けると体温が下がりすぎてしまうことも。

犬の体温の測り方

体温計を肛門から2～3㎝のところに差し込んで測ります。高価ですが、耳に当てるだけの体温計もあります。犬の平熱は38.5～39.5度。通常の健康管理として測るのならいいですが、熱中症が疑われるようなときは家で体温を測っている暇はありません。病院へ直行して測ってもらってください。

32 歯茎の色が白くなってきた

歯茎の色が白っぽいのは貧血の疑いが。色みの判断は主観に左右されることも多く「飼い主の気のせい」ということもありますが、まず獣医師に相談してみましょう。心配して悩むくらいなら1度診てもらい、問題ないと診断されれば安心です。ただし、元気と食欲がない、息が荒いといった症状があれば要注意です。

貧血の原因はさまざまです。ガンによるもの、免疫介在性溶血性貧血（免疫システムが壊れ、赤血球が破壊される病気）、バベシア症（バベシア原虫という寄生虫によるもの）などが考えられますが、獣医師でなければ特定できません。

考えられる疾病 **悪性腫瘍起因の貧血、免疫介在性溶血性貧血、バベシア症による貧血** など

歯茎の色の濃さのほか、舌や性器の粘膜の色でも犬の不調を判断することができます。これらは可視粘膜と呼ばれています。

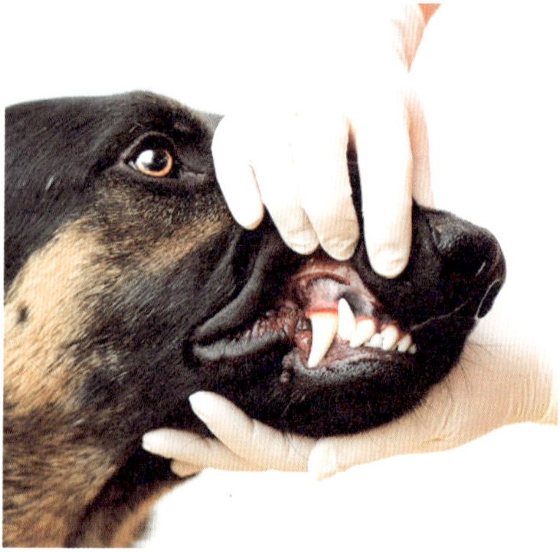

33 足取りがふらついてきた！

内耳炎、椎間板ヘルニア、脳疾患などが考えられます。内耳炎の場合は首が傾き、ときにその場をくるくる回ることも。椎間板ヘルニアは脚をひきずったり、痛みを訴えるしぐさがあります。脳疾患が原因の場合はてんかん発作や眼振（目が揺れる）が出ることも。いずれも症状にムラがあり、病院に行くときにはシャンとすることも。ふらつく様子をスマートフォンの動画に撮っておくと獣医師への説明がスムーズにできます。

歩いていた犬が急にしゃがんでしまったり、体や首が一方に傾いたり、旋回症状などが出たら要注意です。何らかの疾患の可能性があります。

考えられる疾病

内耳炎、椎間板ヘルニア、脳腫瘍などの脳疾患 など

34 前触れなく突然倒れた！

てんかんの治療は早めが肝心です。転倒と痙攣が伴っていたら速やかに動物病院へ。初期なら投薬で好転します。

老犬になると心臓が悪くなりがちです。突然倒れるような症状が頻出するようなら、早めに獣医師と対処法を相談しましょう。

心臓疾患による失神、てんかん発作、熱中症などが考えられます。心臓疾患の場合は倒れて数秒後に立ち上がることもあります。てんかんはけいれんを伴い、立ち上がるまでに時間がかかることがほとんどです。熱中症はそのときの場所が高温であること、意識が戻らないことで判断できます。意識があり、自力で立ち上がれるようなら倒れたときの歯茎や舌の色、けいれんの有無、視線の様子などを覚えておき、落ち着いたら動物病院へ連れて行ってください。とにかく大切なのは失神の場合は待たずにすぐ病院へ行くということ。様子を見ていると万が一の事態が起こることもあるので、発見次第すぐに病院に向かってください。

考えられる疾病 **てんかん、心臓疾患、熱中症** など

35 なんだか無気力になった

老犬になると気力が衰え、遊びや散歩への意欲が衰えることがあります。これは老化現象なのでやむを得ません。寝ている時間が多くなっても、食欲があればとりあえず様子を見ても大丈夫。無理にアクティブに動かそうとするとストレスになります。本人（犬）の意思を尊重してあげましょう。

７歳以下の若い犬が急に散歩に行きたがらなくなり、ぼんやりしていたら注意が必要です。何らかの内臓疾患のために、体がだるく動きたくないのかもしれません。その場合はかなり重症ですので、早めに動物病院で原因を明らかにしてください。

考えられる疾病 **老化、内臓疾患** など

７歳以下の若い犬が散歩にも行かず「動きたくない」と寝ているのは相当重症です。

36 急に暴れるようになった

生後6か月頃になると犬も「自分」と「他者」を区別する自我が生まれます。このとき、生まれつき気性の激しい犬は群れのボスになろうとして飼い主への下剋上を目指すことも。これが権勢症候群（αシンドローム）です。このような犬にはボスが誰かということをしっかり教え込む必要があります。力の強い中～大型犬の場合、自己流のしつけでは対処しきれないことが多いですから、プロのトレーナーに相談するほうが無難。生後6か月頃までの去勢・避妊で予防できる可能性も。また、老犬がぼけて急に凶暴になることもあります。この場合は獣医師に相談です。

考えられる疾病 **権勢症候群（αシンドローム）、ぼけ** など

流行犬種の乱繁殖によって、生まれつき凶暴な個体が出るケースもあります。その場合は専門家に相談し、しっかりしつけを。

Chapter5

病気とケガ15

犬の死亡原因1位のガン
飼い主はどう
向き合えばいい？

犬の疾病でもっとも多く、患者の数が多いのは皮膚炎です。これは、もともと高地で生きていた犬が高温多湿の日本で暮らしていることが原因でもあります。ただ、食事や環境の改善、シャンプーを適宜行うことである程度は予防することができます。

一方で、犬が長生きになってきたことで、ガンになる犬が増えています。犬の死亡原因の第１位はじつはガンなのです。この章では、ガンの予防ができるのか、もし愛犬がガンになってしまったら、どうすればいいのか、心構えや治療法について紹介していきます。

また、今まで健康で、獣医師のお世話になってこなかった犬でも、シニアになるとさまざまな不調が出てくるものです。逆に、老犬にまでなれたということは、それだけ愛犬を可愛がったという証拠。飼い主さんは胸を張ってください。あらかじめ衰えが出やすい部位や、どんな病気になりやすいのかを理解しておけば、早めのケアができるでしょう。

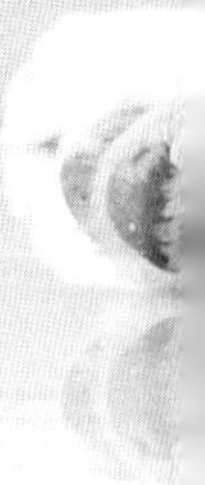

01 ガン（悪性腫瘍）について知ろう

以前より犬の寿命が延びている関係で、ガンになる犬が増えています。老犬になると免疫力が落ち、ガンになりやすくなるためです。腫瘍には悪性と良性があり、良性は（体に悪影響がない場合は）治療をせずに経過を見ることもありますが、悪性は早期発見がカギとなります。そのため飼い主による毎日の健康チェックと、動物病院での定期的な検診が健康長寿につながります。また、悪性の腫瘍だとしても抗ガン剤で快方に向かう場合もありますし、老犬の場合はガンの進行が比較的緩やかなため、ガン治療しつつも天寿を全うできる場合もあります。全身にガンが転移していたら全快が難しいですが、痛み止めで痛みをコントロールできます。ガンになったからと悲観せず、愛犬や獣医師とともにガンに向き合いましょう。全快とまではいかなくても、ガンとの上手な付き合い方が見つかるはずです。

年齢別のガン罹患率

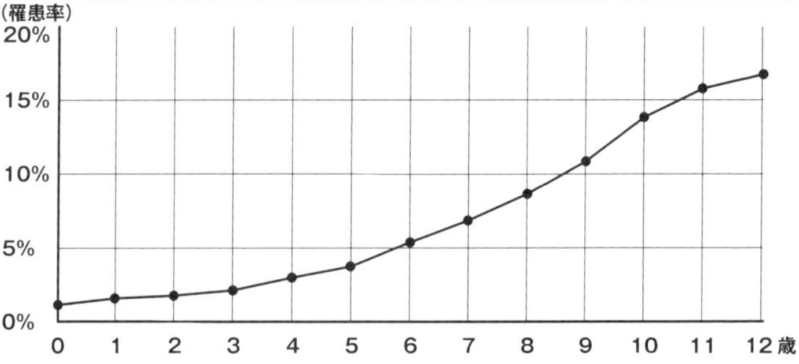

出典：アニコム損保「家庭どうぶつ白書 2014」より

早期発見のために飼い主ができること

犬のガンは皮膚表面から確認できるものが全体の７割ほどもあります。毎日、体を触って、しこりやふくらみ、イボ状の突起があったらすぐに受診を。７歳を過ぎたら半年に１度、レントゲンと血液検査を含めた健康診断をおすすめします。

早期発見のためのチェック項目

- □ **目** 白目の色がおかしくなっていない？
- □ **口** 口臭がしない？　舌にできものができていない？
- □ **耳・鼻** できものができていない？
- □ **脚** 腫れはない？　脚をひきずっていない？
- □ **お腹** 妙にふくれていない？　触ってみて痛がらない？
- □ **尿** においや色はいつもと同じ？
- □ **便** 下痢気味ではない？　血便は出ていない？
- □ **皮膚** 腫れたりただれていたりしない？　イボはない？
- □ **呼吸** 咳を頻繁にしていない？　何もしていないのに息切れしてない？
- □ **食事** 食欲はある？
- □ **動作** どこかをかばうような歩き方をしていない？

乳腺腫瘍

メス犬にできる悪性腫瘍。避妊手術を行うことで発生率は下げられます。発見のきっかけは乳腺のしこり。日々のマッサージなどで確認を心がけましょう。初期は切除＋避妊手術で完治が期待できますが、転移などがあった場合の予後は厳しいです。高齢犬の場合は手術リスクを考え、放置する場合も。

早期発見ポイント

お腹全体をよく触り、ふくらみや突起、しこりの有無を確認。

骨の悪性腫瘍

骨にできるガン。レントゲンに写りにくく、判断に時間がかかるガンのひとつ。初診時のレントゲンで判断できなくても、疑われる症状が続く場合は日にちをあけた再撮影で判明することも。四肢のほか、顎にできる場合もあります。四肢の場合は、痛みや不快感のサインがあるので見逃さないようにしましょう。ガン部分を手術で切除しますが、転移することも多く非常にやっかいです。

早期発見ポイント

足をひきずっていないか、触っていやがらないかを確認。

肥満細胞腫

乳腺腫瘍に次いで発生しやすいのが皮膚の腫瘍。中でも皮膚に発生する肥満細胞腫はやっかいなガンのひとつです。皮膚にできる直径数㎝の腫瘍ですが、その形態はまちまちで飼い主がそれを見つけるのは困難です。普通とは違うできものができていたら獣医師に診察してもらいましょう。

早期発見ポイント

皮膚にほくろができていないか、イボがないかをチェック。

扁平上皮ガン

目や唇、肉球など手術しにくい場所にできやすいガン。ある程度進行している場合はその部位をえぐるように切除する必要が出てくるので、早期発見が大切です。ただし、このガンも形態はまちまちのため、獣医師による診察が必要です。治療は手術のほか、放射線を使う場合もあります。

早期発見ポイント

毎日、犬を観察して異変を感じたらすぐに動物病院へ。

内臓の悪性腫瘍

肝臓や腎臓など内臓にできるガン。部位によりますが、毎日の観察ではわかりづらく、かなり進行するまで症状が現れない場合が多いです。皮膚など体表にできるガンとは違い、早期発見も難しいのが現状です。腫瘍マーカー検査の進歩が望まれます。

早期発見ポイント

定期的なレントゲンや超音波検査が必要。

02 ガンの予防

去勢・避妊手術をすれば、睾丸のガン、子宮ガン、卵巣ガンは完全に予防できます。また前立腺ガンや性ホルモン由来の病気も防ぐことができますから、できるだけ手術をすることをおすすめします。その他のガンの予防は人間と同じように考えればいいでしょう。方法としては人工的な添加物の入った食事はできるだけ避ける、適度な運動を心がける、ストレスをなくす、サプリメントを試してみるなどがあります。ただ、完璧な予防法は現時点ではないのが現状です。

少しでもガンのリスクを減らすために……

気をつけたいチェック項目

☐ **避妊・去勢手術はしている？**
乳腺腫瘍、前立腺ガン、子宮ガンなどは、避妊・去勢手術をしていれば防ぐことができます。

☐ **添加物の多い食事を与えていない？**
高カロリーでタンパク質が少ない食事を与えているとガンのリスクが高まると言われています。

☐ **受動喫煙していない？**
人間同様、犬の場合も受動喫煙の影響を受けます。鼻腔にガンが生じることがあります。

☐ **犬にストレスを与えていない？**
ストレスは免疫力を弱め、ガンのリスクを高めます。

☐ **太りすぎていない？**
太りすぎるとガンにかかりやすいと言われています。

サプリメントとの上手な付き合い方

ガンの予防や治療効果を謳うサプリメントの効果は玉石混交です。まず、信用できるものかどうか、獣医師に相談するのが一番でしょう。インターネットなどで購入する場合は、サプリメントの成分を検索してみてください。学術論文がヒットすれば効果が実験によって証明されているという目安になります。

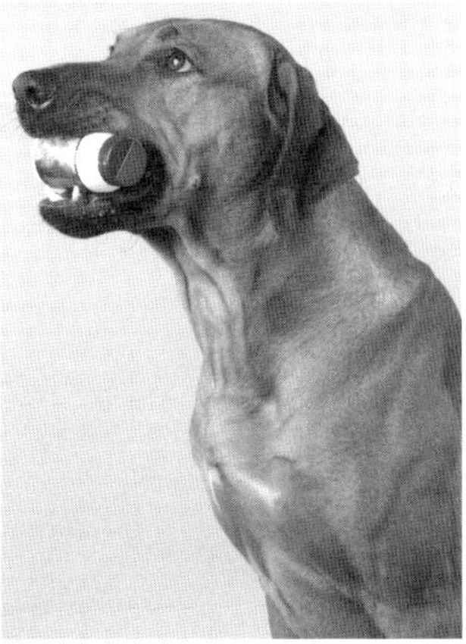

効果が期待できるサプリメントの成分の例

センダンエキス

化学抗ガン剤は副作用が大きく、これに代わる植物性で副作用のない抗ガン剤が各種開発されています。センダンエキスもそのひとつで、対象となるガンの種類によって効果の高低はあるものの、効果が期待できます。

ニカショウ

長寿村として知られる中国の村で発見されたベンケイソウ科の植物です。健康の秘訣として重宝されている東洋ハーブで、高齢によって低下する犬の代謝機能を助けるとされています。

梅エキス

古くから「三毒を断つ」と言われ、さまざまな健康作用があるとされていた梅。この梅から健康に効果のある成分を抽出したサプリメントがあります。獣医師に相談して処方してもらいましょう。

03 ガンと診断されたら？

愛犬がガンと診断されたとき、もっとも気になることは余命。残念ながら「治療をしても余命数か月」と宣告されることもあります。治療によって奇跡的に完治、寛解することもありますし、余命が年単位で延びることも実際のケースとしてあります。たとえ、残されているのがわずかな時間でも愛犬のためにできることを精一杯してあげてください。

ガンの治療法

手術

手術で完全にガンを取り去り、転移がなければ完治とみなします。手術によって体の一部が欠損することがありますが、犬自身は外見が変わったことに対しての精神的なダメージは負いません。

化学・薬物療法

いわゆる抗ガン剤治療です。最近は副作用が少なく、治療効果の高い薬もありますので、獣医師と相談して使ってください。通常、期間と回数を定めて行います。種類によって入院、通院治療があります。

放射線療法

患部に放射線を照射し、ガン細胞を壊します。人間の最先端技術である重粒子線での治療も犬に適応できます。放射線治療は設備が整った病院が少なく、治療費が高額なのがネックです。

緩和ケア

治療のすべがない、余生を苦しまずに過ごさせたい、ひどく痛みがあるというとき、痛み止め、麻酔薬などを使った痛みを止める治療を優先することもあります。ただし、ガンを消すことはできません。

治療方針を主治医と相談

ガンと診断されたら、獣医師と今後の方針について話し合ってください。「かかりつけ医でできる範囲の治療をするのか」「最新設備の揃った大学病院や専門医を紹介してもらうのか」ということに加え、「手術をするのか（できるのか）」ということも相談しましょう。犬の体力や年齢によっては積極的な治療をすすめないこともあります。また「愛犬の治療にどれくらいの時間と手間、お金をかけられるのか」ということも正直に話しましょう。

お金はどれくらいかけられる？

治療内容によって大きく異なりますが、1か月の治療費が30万円前後かかることは珍しくありません。事前に獣医師に1か月の予算上限を話し、治療プログラムを組んでもらいましょう。

治療したらどれくらい一緒に過ごせる？

余命は神様の領域で一概には言えませんが、何年も……ということは難しいかもしれません。ただ、残された時間を飼い主と濃密に過ごすことで同じ1年でも実質的に数年分の価値があるものにすることはできます。

愛犬の様子はどう？

ガンと診断されても、ピンピンと元気な犬もいます。ただ、急に体調が崩れて寝たきりになったり、苦しみだすこともあります。急変に対応できるよう、できるだけそばにいてあげてください。

04 皮膚病について知ろう

犬には皮膚疾患が非常に多く、洋犬の純血犬種のほとんどが何らかの皮膚トラブルを抱えています。柴犬はアトピーやアレルギー疾患にかかることが多いものの、日本犬や日本犬ベースのミックス犬にはあまり皮膚疾患はありません。また、パグやフレンチ・ブルドッグなどの短吻種は生まれつき皮膚が弱い犬が多いようです。

皮膚疾患のほとんどは命にかかわることはありませんが、放っておくと、かゆみやかきこわしによる傷で辛い思いをすることになります。皮膚疾患には治りにくい病気も多いですが、かゆみ止めの対症療法をしながら根気よく治療を続けてください。アレルギーが原因なら生活改善も必要です。

皮膚病の種類

寄生虫によるもの

ツメダニ症

日常生活の中で刺される可能性が高いダニで、刺されると強いかゆみを伴う赤い発疹ができます。アレルギーの原因にもなり、家の中で繁殖していると、人も刺されます。治療と同時に家でもダニ駆除を行ってください。

疥癬

ヒゼンダニによって起こる感染症で、皮膚が固くカサブタ状になります。体をかくたびにフケ状のカスが落ちたら要注意。薬用シャンプーでの薬浴を根気よく続けることと、塗り薬で良くなります。

毛包虫症（アカラス）

毛穴に寄生するアカラス(ニキビダニ)によって、皮膚の赤みやフケなどを発症します。人間を含めた動物はみな、アカラスをもっていますが、通常は無害なもの。免疫力が落ちたときに皮膚炎を発症させます。

細菌・真菌によるもの

膿皮症

犬の皮膚疾患の中ではもっとも多い症状。膿をもったニキビ状の湿疹ができ、放っておくと徐々に広がっていきます。脱毛が起こることも。抗生物質を２週間前後飲ませることで良くなりますが、再発しやすく根治には時間がかかります。

皮膚糸状菌症

真菌（カビ）によって発疹や脱毛が起こります。ほとんどは顔や耳に現れ、強いかゆみを伴います。塗り薬や飲み薬で治りますが、人にうつる可能性がありますから治るまで同じベッドで寝るなど、過度なスキンシップは避けてください。

アレルギーによるもの

アトピー性

花粉、ハウスダストなどのアレルゲンが体内に入ると免疫が作動し、異物と戦います。そのとき、赤み、発疹、脱毛などの症状が出ることがアトピーの原理です。最近は免疫機能を調整する薬もありますから、獣医師に相談の上、治療してください。

食物アレルギー

特定の食べ物を食べると皮膚に異常が出ます。ただ、犬の場合、自己申告ができませんから特定が難しいことがあります。アレルギー対応のドッグフードや、手作りの食事を与えて生活改善をしてください。

接触性

草の汁、金属、化学物質、繊維などが肌に触れると激しい皮膚炎を起こします。心当たりがあるものは犬から遠ざけて触れないようにしてください。また、むやみに草むらに入れないことも大切。海水や川の水でかぶれることもありますからアウトドアには要注意。

05 瞳が少し白く濁ってきた

10歳を超えた老犬の黒目が白く濁るのは老年性白内障。老化現象の一種で、防ぐことは困難です。手術をするかどうかは飼い主の判断に委ねられます。手術には全身麻酔が必要になり、そのリスクは青年犬に比べるとかなり高くなります。また、手術をせずにいればいずれ失明する可能性は高いのですが、目薬で進行を遅らせることで、寿命まで失明を免れるということもあります。犬にとっての白内障はダメージが少なく、命にかかわる病気ではありません。痛い思いをさせたくない、というのであれば手術をしない選択は間違いではありません。

犬は人間ほど視力に頼っていません。そのため白内障で視力が低下しても、日常生活はなんら問題なく送れる場合も多いです。

白内障になると黒目の中心が真っ白に見えます。黒目の表面が白くなるのは白内障ではなく、角膜のトラブルです。

06 目が見えなくなったら？

犬はそれほど視覚に頼らずに生活できる動物です。視力を失ったとしてもダメージは重大ではないので慌てなくても大丈夫。また、白内障など目の病気が原因の場合、完全に失明はせず、ある程度の影の動きや光は見えている可能性もあります。ただ、視力が衰えた犬はこれまでの記憶をもとに嗅覚、聴覚をフル稼働させて暮らすことになります。環境が急に変わるととまどいますから、家具の配置や散歩コースを変えないようにしましょう。また、つまずきやすくなりますから、段差は抱いてあげるといったサポートも必要になります。

07 耳が聞こえなくなったら？

耳が聞こえなくなると、周囲の動きが把握できず、些細なことで驚いてしまいます。耳が不自由な犬に近づくときはわざと大げさに床や地面を踏んで足音を立てながらそばに行ってください。床や地面の振動で「そっちに行くよ」と気づかせるのです。犬に触れるときは、さらに床や地面を叩いて「ここにいるよ」と知らせ、手を鼻先にかざしてにおいを確認させてあげてください。事前の準備ができることで犬が安心します。足音を立てずにそっと近づき、いきなり触ると、犬は驚きのあまり反射的に噛むことがあります。

耳が不自由になったら、触る前に床を叩き、振動で存在を知らせてから触るようにしてください。

08 歯の衰え

犬の口の中は虫歯菌が活動しにくいアルカリ性です。ですから、人間のような虫歯になることはめったにありません。代わりに、人間よりもリスクが高いのは歯周病です。歯周病菌は口内のペーハー値に関わらず活動、繁殖する上、犬は人間のようにしっかり歯磨きをする習慣がありません。その結果、歯の周りに食べカスがこびりつき、歯石となって歯周病が進行してしまうのです。歯周病が進むと歯茎が弱り、動物病院で歯石を取っても歯が抜け落ちてしまうこともあります。1日1回は歯磨きをし、早めに食べカスや汚れを取り去りましょう。

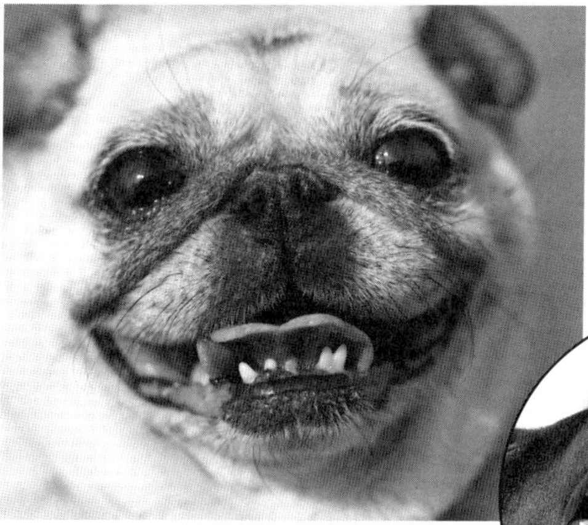

歯槽膿漏が悪化して化膿すると、細菌で顎の骨が破壊されることがあります。こうなると長寿の道もきびしくなります。

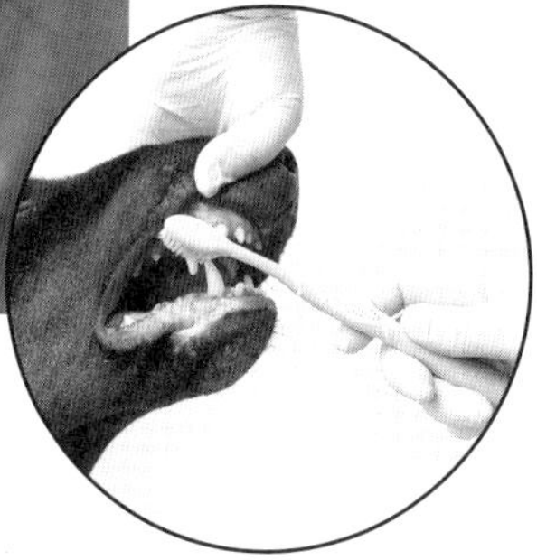

手袋を使った歯磨きに慣れたら、子ども用歯ブラシを使って磨いてみましょう。奥歯の外側に歯石がたまりやすいので重点的に。

09 関節と骨の衰え

関節は骨と骨をつなぎ、稼働させる役割をもちます。若く健康な犬の関節は、軟骨がクッションとなり、さらに潤滑液が分泌されることで滑らかに動きます。しかし、年齢を重ねると軟骨がすり減ったり、潤滑液の分泌が衰えるなどして機能の低下を起こします。関節の不具合はかなり痛み、歩きづらくなりますから痛み止めの薬を適宜、処方してもらい、痛みをやわらげてあげてください。コンドロイチンやグルコサミンのサプリメントが効果的なこともあります。また、病気が原因で歩行できなくなったときは、補助器具を使うといいでしょう。価格はメーカーや器具の仕様にもよりますが、小型犬の場合は2~5万円、中型犬の場合は3~8万円、大型犬の場合は6~10万円程度が目安となります。器具を購入する際は、かかりつけの獣医師に相談してください。

補助車のほか、人間の手で吊り上げる補助器具もあります。ペットショップや動物病院で入手できるほか、晒（さらし）の布で吊り上げる方法もあります。

骨や関節の老化で起こる疾患

変形性骨関節症、変形性脊椎症

老化によって骨が変形し、神経を圧迫することで痛みを感じ、脚をひきずったり、歩行障害を起こします。背骨の変形が起こることを脊椎症といい、ひどい場合には脚の神経を麻痺させて下半身不随になることも。早めにレントゲンを撮り、獣医師と治療方針について相談しましょう。

骨粗しょう症

年を取ると骨密度が下がり、骨粗しょう症に。些細なことで骨折し、治りにくくなるため段差や足を踏みつけてしまう事故に十分注意してください。骨を丈夫に保ち、骨を作るビタミンDが必要ですが、紫外線を浴びて体内で合成できる人間と違い、犬は主に食べ物からビタミンＤを取り入れています。

靭帯断裂、脱臼

過度に走り回る、ジャンプを繰り返す、無理な体勢で抱き上げるといったきっかけで靭帯断裂や脱臼を起こすことがあります。関節や筋肉が弱っている老犬は特に注意したいものですが、レトリーバー種、ブルドッグといった関節に問題を起こしやすい犬種は若いうちから注意しましょう。治療には手術が必要になることもあります。

関節が変形すると途端に動きがぎこちなくなります。片脚をかばって歩いているうちに、反対側の脚も痛めることがあるので、早めに受診を。

10 ジャンプしただけで骨折!?

犬は平地で暮らすために進化した動物。高い場所に飛び乗る、飛び降りるなど、立体的な行動には体が対応しきれません。イタリアン・グレーハウンドのように脚が細い犬種が、ジャンプしただけで両前脚を骨折した例もあります。足場が悪く、着地に失敗したのです。これは極端に運が悪い例ですが、あまりはしゃいで高くジャンプすることも考えものです。また、ドッグアスレチックなどでハードルを飛ばせることも感心しません。特にレトリーバー種、ダックスフント、コーギーなど股関節や背骨の病気を起こしやすい犬種は年を取ってから問題が起きる可能性が高くなります。

ジャンプは犬の足腰に負担をかける動作です。むやみにさせると骨折や関節の損傷、ヘルニアなどの原因に。

11 筋力の衰え

老犬になると、筋力が衰えるものです。筋力が低下すると疲れやすくなるため、歩くのがおっくうになるようです。老犬が散歩に行きたがらない理由は「疲れるから」という理由が多いのかもしれません。ただ、人間と同様、歩かないでいるとどんどん筋力が落ちていき、さらに動きたくなくなるという悪循環に陥ることに。そのうち、気力も落ちてめっきりと老け込んでしまいます。関節や椎間板に問題がない場合はなるべく外に連れ出して歩きましょう。ただ、若い頃と同じような距離を歩くのは老犬には無理です。ぶらぶらと気ままなお散歩程度で十分です。

年齢を重ねるごとに寝る時間が長くなり、散歩をおっくうがるように。体調が悪くないなら、筋力低下防止＆気分転換のために外へ連れ出しましょう。

老犬になったら散歩のさせすぎも体に害となります。ほどほどを心がけましょう。足元の悪い道はケガの元なので平坦な道がおすすめです。

12 心臓の衰え

加齢によって心臓の機能が低下すると、血液の循環が悪くなります。特に左心房・左心室の働きが悪くなるとめまいを起こして座り込む、脱力して起き上がれない、心不全を起こして倒れ込むといった症状が出ます。

歩くとすぐ息が切れる、咳をよくする、お腹や脚がむくんで体重よりも太って見えるときは心臓に問題がある可能性が高くなります。心臓の働きをサポートする薬がありますから、獣医師に診断の上で処方してもらい、症状によって運動や食事についてのアドバイスを受けてください。

転倒する、呼吸困難になるなどの不調が頻出するなら、心臓に問題がないか一度診てもらいましょう。

13 内臓の衰え

老犬になれば内臓機能が低下していくことは自然の摂理ですからやむを得ません。たとえば、下痢がちになるのは消化機能の衰えが予想されますし、むくみが出るのは腎臓が衰えていると考えられます。ただ衰えをゆるやかにすることはできます。なるべくまめに動物病院に行って診察してもらいましょう。気になる部分を早めにチェックし、問題があればその都度対処すれば、愛犬が元気に過ごせる時間はぐんと延びます。便の様子や排尿の回数などをメモしていくと診断がスムーズです。レントゲンや血液検査をせず、問診と触診による診察なら費用も安く済みます。

それぞれの臓器が老化すると…

肝臓

肝臓の分解能力が低下するので、投薬量を慎重に決める必要があります。また、タンパク質の合成能力が低下して低タンパク血症を起こす場合もあります。

腎臓

老年性の腎不全が起こりやすくなります。多飲多尿を併発するので、やたら水を飲み、やたら排尿していたら腎不全が起こってないか診てもらいましょう。

胃

胃の消化能力が低下し、ドライフードなどを未消化のまま吐き出す場合があります。柔らかくして与えるか、1回の量を減らし、回数を増やして与えます。

小腸·大腸

消化・吸収能力が低下するため、消化の良い食事をあげないとお腹を壊すケースが増えます。また、大腸の蠕動《ぜんどう》運動が衰えるので、便秘にもなりがちです。

14 認知症の兆候

13～15歳を過ぎると、認知症（ぼけ、痴呆ということも）の症状が出ることがあります。ぼんやりすることが多いと感じたら、初期症状かもしれません。認知症は急激に進行することはなく、徐々に問題行動が増えていくのが特徴。青年時代に強気だった犬は凶暴に、神経質な犬は臆病になるなど、若い頃の性格が強く出ることが多いようです。根本的な治療法はありませんが、散歩や全身マッサージなど犬の五感に働きかける行動を飼い主が積極的に行うことは、認知症の原因である大脳の老化を遅らせます。また、効果は高くないと言われているサプリメントも、副作用がでるわけではないので、試して見る価値はあるといえるでしょう。

認知症の症状

認知症がひどくなると、薬を飲ませても効きにくい場合あるので早めの受診を。

夜鳴き

昼と夜の認識が曖昧になり、夜中に起きて興奮して吠える状態を指します。睡眠薬や精神安定剤で行動を安定させます。

徘徊

夜鳴きと一緒に起こります。どこでも排泄をするので、トイレシートを敷いたサークルなどで囲み、徘徊行動を制限します。

無気力、無反応

呼んでも無反応、無気力なのは認知症の症状。積極的に話しかけたり、散歩に連れだして元気なときの生活を維持しましょう。

15 寝たきりになったら

15歳をすぎると寝たきりになる犬が徐々に見受けられるようになります（事故などで若いうちから寝たきりになることもあります）。食事や排泄に人の手がかかりますが、最後まで介護してあげたいものです。食事はフードをプロセッサーにかけて飲み込みやすくするほか、専用の流動食もあります。犬の状態によってスプーンや注射器で口に入れてあげてください。排泄は介護のネックになるものです。犬用おむつやペットシーツを利用すると便利です。できるだけこまめに替えて、清潔を保ちましょう。どうしても介護ができない人のために老犬ホームや犬用介護施設もあります。費用は1か月あたり10万円前後です。

介護ベッドの自作方法

①低反発マットレスをゴミ袋で包みます。

↓

②その上に吸水トイレシートを敷き、一番上にバスタオルを。

↓

③汚れたらトイレシートとタオルを交換します。

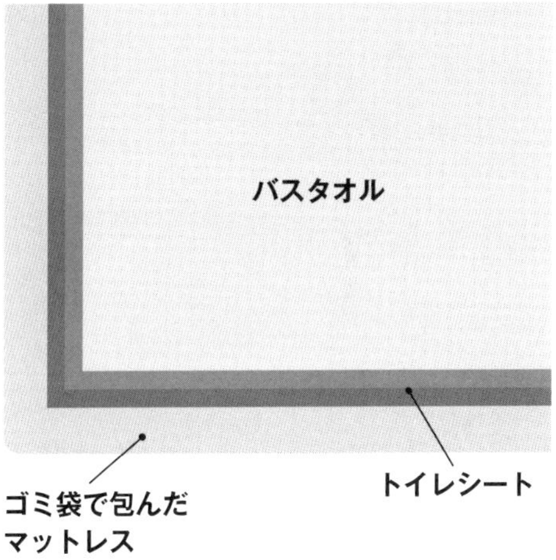

Q うんちを食べてしまうことがあります

A ストレスがたまっているか、栄養に問題があるのかも

犬がうんちを食べることは食糞行動といいます。子犬のうちはうんちをおもちゃの代わりにしている中で食べてしまうこともあります。うんちをしたら早く片づけ、好みのおもちゃを与えてください。このとき、焦って片づけるのはNG。人間が慌てると犬は楽しくなり、うんちへの興味を強化してしまうことも。高タンパクなフードに切り替えると治まることもあります。

食糞の原因は犬によってさまざまです。感染症のおそれもあるので、放置せずに専門家に相談しましょう。

Chapter6

長生きが叶う 最新医療事情

医療技術の進歩は犬の長寿のチャンスも増やす

愛犬が長生きするためには、飼い主の毎日の心がけが大切ですが、せっかく異変に早く気づけても、処置が遅れてしまったら、悲劇を生むことにも。

また、医療技術は日々進歩しています。自分が子どもの頃に飼っていた犬が治らなかった病気でも、現代の医療では治療できることも。ぜひ、信頼のおける獣医師を見つけてください。

そしてもうひとつ大切になってくるのが、かかりつけの獣医師といい関係を築くことです。特に、犬の場合は、エキゾチックアニマルのペットと違って、診療してくれる動物病院がたくさんありますから、ぜひ根気よく相性のいい先生を見つけてほしいのです。獣医師は飼い主との何気ない会話の中から、病気を発見することもあります。また、日ごろからお互いがどういう考えで犬に接しているかがわかっていれば、治療方針などを相談する際にも、意思の疎通が格段にしやすくなるはずです。

さらにお願いしたいのが、病気になったときにだけ病院に行くのではなく、ぜひ健康なときから検診に通ってほしいということです。初診の場合、たいていは病気やケガで病院にかかることがほとんどです。そのため、獣医師はその犬が元気なときはどんな性格をしているか、わかりにくいことがあります。ふだん元気いっぱいで、やんちゃな性格の子がしょんぼりしていたら、あきらかにおかしいということがすぐにわかるということです。

ワクチン接種

愛犬の寿命を左右するワクチンは必須？

生まれたての子犬は母犬から母乳を通じて病気に対する免疫抗体をもらいます。そのため、生後しばらくは感染症にかかることはほとんどありません。ところが、母犬からもらった抗体は生後２か月頃に消えてしまいます。ワクチンは抗体がなくなって無抵抗な体に弱毒化した病原体を打ち、人為的に抗体を作ることで病気の感染を防ぐためのものです。

犬の感染症予防の場合、母犬からの抗体が消えた生後２か月頃に１回目の混合ワクチンを打ち、１か月後にもう１度ワクチンを打つのが一般的。ただ、狂犬病ワクチンは生後３か月以上の犬を迎えたらできるだけ早く打つことが義務づけられています。成犬になってからは年１回の接種が必要です。

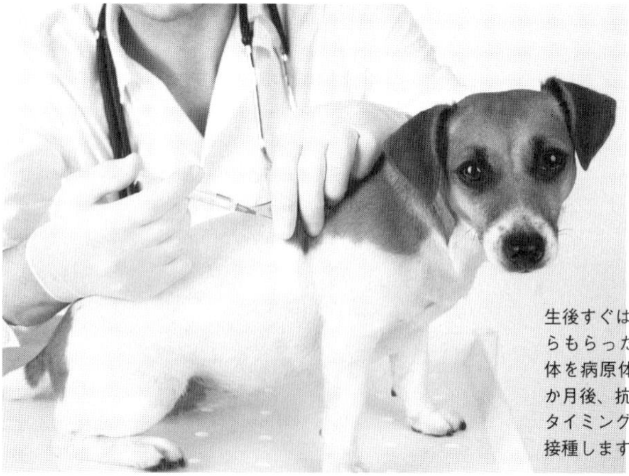

生後すぐは母親の初乳からもらった抗体が働き、体を病原体から防御。2か月後、抗体が消失したタイミングでワクチンを接種します。

ワクチンの種類いろいろ

狂犬病予防法によって、すべての飼い犬は年に１回、狂犬病ワクチンを接種することが義務づけられています。自治体が行う合同接種会を利用してもいいですが、事前に体調を診てもらえることやいつでも受けられることを考えると、かかりつけの動物病院で打つことをおすすめします。ジステンパーをはじめとする感染症ワクチンは飼い主の任意です。とはいえ、いまでは接種させる飼い主がほとんどでしょう。一般的にもっとも多く接種されているワクチンは５種混合ワクチンです。犬がかかりやすい感染症をほとんどフォローしている上、犬の体への負担も少なく済みます。動物病院によっては６～９種をすすめているところも。

狂犬病ワクチン

日本での狂犬病の発生は 50 年近くありませんが、世界では年間で５万もの人が命を落とす恐ろしい感染症です。日本では飼い犬の狂犬病ワクチン接種は義務なので、忘れずに年１回の注射を受けましょう。

混合ワクチン

５種混合ワクチンの組み合わせは下記が一般的で、ジステンパー、パルボウイルス、犬パラインフルエンザ、犬伝染性喉頭気管炎、犬伝染性肝炎の抗体ができます。このほかのウイルスを加えた６～９種混合もあります。

５種混合ワクチン内訳

ジステンパーウイルスワクチン／アデノウイルスⅠ型ワクチン／アデノウイルスⅡ型ワクチン／パラインフルエンザウイルスワクチン／パルボウイルスワクチン

定期検診

定期検診は欠かさずに受けて

愛犬の健康のためには、かかりつけ医を作っておくことが大切です。どうしても獣医師と合わないときや、専門的な技術が必要な場合は別ですが、費用対効果だけを考えてコロコロと動物病院を変えることは犬のためにも感心できません。子犬のときから診察を受けることで獣医師がその犬の個性や体質を十分に理解し、いざ重病にかかり、ほかの専門病院へ紹介するときも、すみやかな対処ができるのです。原則としてワクチン接種、フィラリアチェックと予防、年に１回程度（7歳以上の老犬の場合は半年に１回程度）の健康診断はかかりつけ医で受けるようにしてください。また、爪切りや耳掃除もかかりつけ医に頼むと、その場で簡単な健康チェックもできてお得です。

基本の定期検診メニュー例

□問診
□触診
□身体検査
□デンタルチェック
□尿検査
□検便
□血液検査
□腹部エコー
□心臓エコー
□胸・腹部レントゲン
□超音波検査
□ CT 検査
□細胞診・病理検査
□内分泌検査
□腫瘍マーカー
□眼圧
□血圧
□体脂肪率

病院によって簡易な検査のコースと、レントゲンなども行う詳しい検査コースを設けている場合があります。シニアになる6～7歳からレントゲン検査などを入れた複合検査がおすすめです。

※病院によって行っている検査とそうでないものがあります。

去勢・避妊手術

去勢・避妊手術は受けるべき？

健康な犬の去勢・避妊手術をするかどうかは飼い主の判断に委ねられます。ですが、現在は繁殖をしないのであれば、オス、メスともに去勢・避妊手術をすることが一般的です。手術をすることによるさまざまなメリットもあります。

メスの場合は初めての生理（発情）が来る前に手術をすることで卵巣、子宮の病気を完全に防ぐことができます。費用は小型犬３万円程度、中型犬４～５万円程度、大型犬５～８万円程度です。オスは手術をした時点で精神的な成長が止まります。そのため、思春期を迎える直前の生後６か月頃に手術をするとオス特有の気性の荒さを抑えることも可能です（すべてのオスに効果があるとは限りません）。メスの避妊手術よりも簡単に終わり、費用もメスに比べると１万円程度、安く済みます。

去勢手術

メリット

- 気性がおだやかになる
- マーキングをしなくなる
- 睾丸の病気が防げる
- 犬同士の喧嘩が減る

デメリット

- 太りやすくなる
- 気性や習性が変わらないことも

避妊手術

メリット

- 卵巣・子宮の病気を防げる
- 望まない妊娠を防げる
- 生理で部屋を汚さない

デメリット

- 太りやすくなる
- 手術がオスより大がかり

犬の交尾について知ろう

もしオス犬に乗っかられてしまったら！

原則として犬の交尾の決定権はメスにあります。メスが発情していて、なおかつオスを受け入れることで交尾が成立するのです。発情中のメスの上にオスが乗っている場合、上に乗っかっている状態で、交尾未遂のうちに引き離せばセーフ。犬のペニスは挿入されると膨らんでホールドされるので、合体してしまったら引き離すことはできません。その場合は交尾が終わるまで待ちます。高確率で妊娠しますが、人間のような堕胎はできません。子宮ごと取ることはできますが、ほとんどの飼い主は生ませることを選ぶようです。望まない妊娠を防ぐためにはできるだけ避妊手術をするか、発情期のメスはしっかりとリードでつなぎ、なるべくほかの犬に合わない時間に散歩させてください。発情期のメスのにおいはオスを過度に興奮させ、ストレスを与えることにもなります。

犬の妊娠と出産

妊娠中の経過

犬の妊娠期間は約２か月。交尾後は、母犬には高カロリー、高栄養の食事を与えてください。交尾後 50 ～ 55 日後あたりでレントゲンを撮ると、子犬の頭数がわかります。出産時に胎児が残っていないかどうかを確認できるほか、事前に子犬のもらい手を探すときの目安にもなります。病院によってサポートできる範囲が異なるので、事前の相談が必要です。

小型犬の出産は要注意

中～大型犬、日本犬の出産はスムーズに済むことが多いのですが、チワワやトイプードルのような極小犬、ブルドッグのように特殊な体型をしている犬種は胎児が産道を通りにくく、帝王切開になることも。犬種を問わず、初産の犬は陣痛でパニックになることもあります。出産時はいつでも病院に連絡できるようにしておいて。

正しいドクターの選び方

犬を迎える前から考えておくこと

健康診断やさまざまな予防ワクチン、狂犬病やフィラリア予防などで毎月のようにお世話になっている動物病院。飼い主にとっては、犬に診療や治療はもちろん、健康面での相談やアドバイスも行ってくれる力強い味方です。

人と違って自分の体の症状を説明できない犬は、飼い主や動物病院のドクターの丁寧なチェックが重要になります。長いお付き合いになるので、しっかり病院やドクターを選ぶことが大切です。ケガをしたときや重病になったときに慌てて探すのではなく、日頃からかかりつけのドクターを見つけておきましょう。

病院の選び方のほか、医療費の目安や保険など、愛犬の健康に関するお金の問題も、整理しておくといざというときに愛犬の健康だけを考えることができ、落ち着いて治療に取り組むことが可能になります。大切な愛犬のために、事前にチェックしましょう。

できている？　インフォームド・コンセント

「インフォームド・コンセント」とは、手術の際などにドクターが病状や治療方針をわかりやすく説明し、患者の同意を得ることを指します。人間の病院でも使われますが、犬の場合には飼い主の同意になります。その際に疑問点や不安なことをしっかりドクターに尋ねることも飼い主の役割です。愛犬の治療法や処方される薬についての説明をきちんとしてくれるか、愛犬のためにもチェックしましょう。

院内は清潔？

初めて行く動物病院では施設の清潔さをチェックしましょう。これは建物や設備が古いかどうかではありません。扉を開けたときに強い獣臭や糞尿のにおいがする病院では衛生面に不安があります。また、抜け毛を片づけず、隅にたまっているのもＮＧ。不衛生な病院ではかえって感染症にかかるリスクがあります。不安を感じたら「また今度にします」と帰ってもＯＫ。気が引けるなら「歯ブラシはありますか」など安価な商品を買って帰るのも一案です。

触診する？

犬に触らず、飼い主への質問だけで注射をしたり、薬を出す獣医師は信用できるとは言えません。飼い主への問診は重要ですが、犬は言葉を話せません。飼い主が訴えることと、本当に犬が訴えたい病状が異なることがしばしばあります。

それを見極めるには体の隅々まで触ることが必要です。ただし、保護犬など犬が極端に臆病で触られることに慣れていない場合は、触診を最小限にとどめることもあります。触診と問診のどちらも丁寧にしてくれる獣医師がベストでしょう。

近所の評判は？

かかりつけ医は通いやすく、急病になったときも駆け込みやすい近所で探すことがほとんどでしょう。その場合、頼りになるのが近所の評判です。すでに犬を飼っている人に聞いてみましょう。

院内の雰囲気、獣医師の人柄、おおまかな費用を聞いておくと安心です。ただ、地域によっては愛犬家の派閥があることがあります。ほかの愛犬家が通う病院をやたらとこき下ろすこともあるので注意してください。情報が間違っている可能性があります。

明朗会計で納得

動物の医療は自由診療。いわば「言い値」です。同じ治療や検査でも病院によってはかなり高額な請求になることもあります。これは違法ではありません。いくらかかるのか不安なときは、事前に治療にかかる費用を聞いてください。良心的な病院はおよその金額を試算してくれます（治療によっては事前の概算と差が出ることがあります）。また、ほとんどの病院では精算後に費用の内訳を書いた明細書（領収書）を発行してくれます。明細を出さない病院は敬遠したほうがいいでしょう。

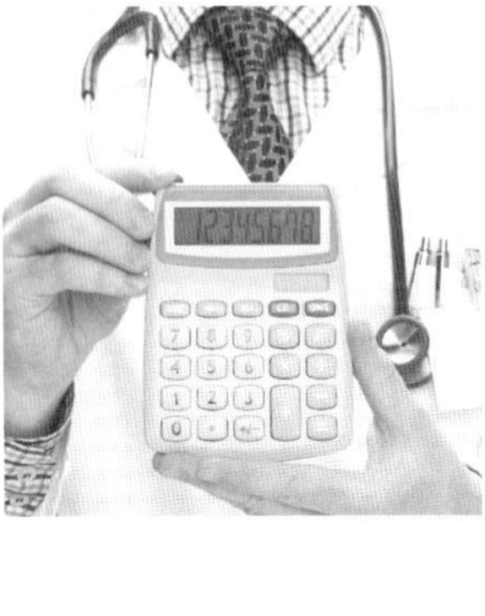

飼い方についてのアドバイスは？

病気やケガの治療だけでなく、正しい犬との暮らし方や食事、散歩についてのアドバイスをしてくれる獣医師が理想的です。ただ、犬のことを真剣に考える獣医師であればあるほど、管理がなっていない場合は飼い主がきつく叱られることもあります。素直に忠告を聞けるかどうかは飼い主次第です。また、疑問点があるときはこちら側から質問してください。現状で問題がなければ獣医師側からあれこれと言うことは少ないものです。

先生の得意ジャンルは？

かかりつけ医にできる町の動物病院はオールラウンドプレイヤー。何でも対処できますが、特殊なガンや、専門的な治療と検査を必要とする場合は、最新の設備が揃った大学病院やそれぞれの専門医の力が必要になることもあります。最近は犬の眼科など一部に特化した病院も少数ですが開業しています。必要があれば調べて相談してみるのもいいでしょう。また大学病院は原則としてかかりつけ医の紹介状がないと診察を受けることができません。

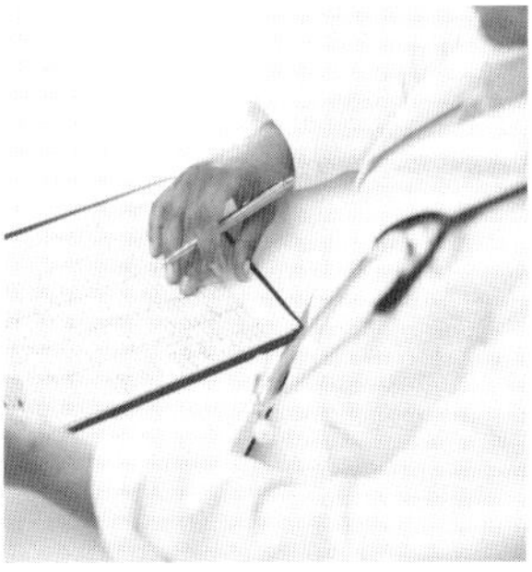

知って
おきたい

医療費の目安表

犬の大きさによっても異なる

動物の診療には「定価」がありません。地域や病院によってかなり差があります。犬の場合は大きさによっても差があり、大型犬になるほど治療費は高くなります。これは使う薬剤の量や保定にかかる手間なども加味されています。また、飼い主さんによっては、診療の内容と価格で複数の病院を掛け持ちしていることもあるかもしれませんが、これを続けていると、将来的に支払う合計金額が増える可能性も。ワクチン接種などと、病気の治療はなるべく同じ病院にかかったほうが望ましいといえるでしょう。

入院（1日分） ※手術料、麻酔料等は除く（看護料、フード料等を含む）

大型犬	中型犬	小型犬
平均3906円	平均3167円	平均2706円

不妊手術

※薬剤料、麻酔料、入院料等は除く。処置内容や犬の大きさ、地域などにより総額は異なるが、おおよそオスは２～５万円、メスは３～６万円ほどかかる。

オス	メス
平均1万5379円	平均2万4176円

ワクチン接種 ※注射済証明書料は除く

1種ワクチン	2種以上の混合ワクチン
平均3917円	平均8185円

手術 ※難易度により異なるが、1回の平均額とし、薬剤料、入院料等は除く

帝王切開

平均3万5079円

局所麻酔

平均1770円

骨折

平均3万9290円

麻酔注射

平均6422円

腫瘍摘出

平均2万7866円

吸入麻酔(60分あたり)

平均9374円

診察

初診

平均1191円

再診

平均625円

往診

通常

平均1896円

緊急

平均2332円

こんなときいくらかかる？　具体的な医療費の例

CASE 1 子宮蓄膿症の手術をした17歳のシー・ズーの場合

健康診断（血液検査・年2回）	5000円／1回
目薬（2か月に1回）	5000円／1回
ビタミン剤・消炎剤	2260円／1か月
トリミング代（2か月に1回）	6500円／1回（顔と体に分けて）

CASE 2 11歳のハンガリアン・ビスラがガンになり脾臓摘出手術をした場合

手術費（脾臓摘出、病理組織学的検査、投薬、抜糸、麻酔など手術にかかわるすべて）	150500円／1回
入院費	11200円／1回
抗ガン剤治療（血液検査も含む）	19420円／1回
（定期検査）	
CT検査（麻酔含む）	8500円／1回
血液検査	8500円／1回

※飼い主さんの明細書から算出しています。

種類もあれこれペット保険

いざというときの安心を買うつもりで

　ペット保険とは、愛犬が動物病院などで医療サービスを受けたときに、その費用の一部を保険会社に負担してもらえるサービスです。愛犬の高齢化により、ガンや糖尿病、白内障などの病気にかかる割合も増えてきます。それに伴い、医療費も高くなるのが必然です。そんなときにペット保険に加入していれば、飼い主の負担も少し軽くなるというもの。愛犬の種類や飼い主のライフスタイルに合わせて、さまざまな種類の中からぴったりのものを選びましょう。

通院保険

　病気、ケガでの治療にかかった費用が一定額、戻ります。自己負担分は掛け金によって異なりますが、治療費の50〜80%程度に収まります。人間の健康保険のように保険証を提示して自己負担分を払う会社と、後日に申請して還付される会社があります。ワクチン接種や健康診断には適応されません。

入院保険

　病気やケガで入院したときの費用を50〜20%程度、あるいは日額2000〜5000円程度保障します（保険会社によって異なります）。手術保険とセットになっている場合が多く、年間の日数制限や金額上限が決まっていますが、長期にわたって入院することは稀ですから、ほとんどのケースでフォローできます。

手術保険

犬の治療費の中でもっとも高額になるのが手術費用です。手術１回につき５～10万円程度が保障されることがほとんどです。そこに入院が含まれるかどうかは契約によって異なりますから、規約書をよく読んでください。

ただし、去勢・避妊手術には適応されません。

ガン手術保険

通常の通院保険、手術保険に特約としてつけられます。犬にとってガンは非常に多い病気です。特約の費用はさほど高くないので、せっかく保険に入るならつけておいたほうが安心かもしれません。人間同様、ガンと診断されると一時金が支給される商品や抗ガン剤治療をフォローするタイプもあります。

死亡保険・葬祭保険

契約していた犬が死亡した場合、５万円程度の見舞金が支払われます。高額ではありませんが、葬祭費をまかなうには十分な金額です。

また、プランによっては火葬、埋葬、お葬式の費用を一部保障する葬祭保険やセレモニー特約をつけることもできるようです。

賠償保険

犬が他人やよその犬を噛んでしまったり、ものを壊してしまったときの損害賠償金を保障する特約です。大型犬の場合、万一人を噛んでしまうと大ケガにつながり、数百万円以上の賠償が必要になることも。愛犬はおとなしいから大丈夫、と思っている飼い主でも万が一に備えて加入しておくと安心です。

医療補償のタイプを知ろう

医療費の一定額が支払われるものや、かかった全額が支払われるものなど、通院保険や入院保険などの医療保障の中でも、保障のタイプがいくつか分かれています。ただし、どれも年間で申請できる回数が限られている場合があり、保険に入っているからといってやみくもに使っていると、いざ高額な医療行為を行うときに回数が残っておらず、実費で負担することになりかねないので注意が必要です。

定率保障タイプ

負担した医療費が、契約で決められた一定の割合額戻ってくるというものです。現在のペット保険の多くはこのタイプを採用しています。一般的には50～70%の医療費を保障するものが多く、残りの30～50%を飼い主が負担します。

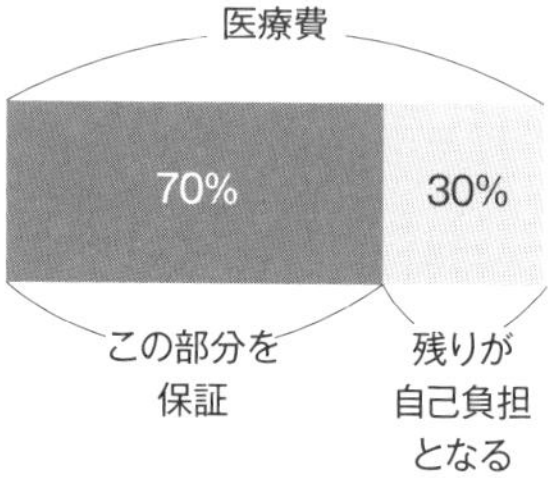

定額補償タイプ

実際の医療費の金額に関わらず、一定の金額が支払われるというものです。たとえば、通院1日2000円のプランに加入している場合であれば、飼い主が負担した金額がいくらであっても2000円が支払われます。

実費補償タイプ

負担した医療費が、契約で決められた一定額戻ってくるというものです。たとえば、1日の支払額が5000円と決められたプランであれば、5000円までは保障され、5000円以上かかった場合は、差額を飼い主が負担します。

ペット保険に加入するときのチェックポイント

ペット保険も、人間の保険同様、加入する際の年齢と健康状態によって保険金の額が変動します。また、過去に病気をしていたり、先天性の疾病がある場合は加入できないこともあります。高齢の場合も加入できないことがあるので、保険に加入しようと思っているなら6~7歳くらいまでに検討したいものです。

また、不妊・去勢手術や予防接種は保険の対象外としている保険会社がほとんどです。その保険が愛犬の犬種によって心配な病気をカバーしているのかを確認することが大切です。

保険に加入できる条件の例

□ 健康状態は良好？

まずは現在、愛犬が健康であることが条件です。先天性の疾病、既往歴によっては加入できないこともあります。

□ 加入できる年齢？

ほとんどの保険会社は、加入できる上限の年齢を設定しています。病気のリスクが高齢になると加入できないことがあります。

考えたくないけど……避けられない！

最適な送り方とお金のこと

さまざまな埋葬方法

愛犬が亡くなった場合、火葬した後、寺院や自宅でお骨を供養するのが一般的です。火葬業者の当てがないときは動物病院でも紹介してくれます。遺体をそのまま埋葬して土に返したい場合は、自宅の庭や所有する山など私有地に限られます。山林や公園に埋めるのは違法です。

火葬業者の選び方

- **知人・友人でペット葬儀を経験した方の話を聞く**
- **ネットで調べる場合は個人のブログなどを参考に**
- **直接業者に電話をして応対やサービス内容を確認**
- **価格だけで選ばず総合的な判断を**

大切なのは、ペットが生きているときから万が一に備えて調べておくこと。亡くなった後では平常心でいられません。その犬に合ったお別れをするためにも、最後にできることを考えましょう。

火葬の分類と料金

価格 高 ↑ ↓ 低

① **固定炉**(設置型の火葬炉)で火葬を行う民間業者・寺院

② **火葬車**(火葬炉を搭載した車両)で火葬を行う民間業者・寺院

③ **固定炉・火葬車**の両方を所有している民間業者・寺院

④ 火葬炉や納骨施設を所有せず、**仲介だけを行う事業者**

⑤ **自治体**での火葬

⑥ **自宅**での火葬

民間の葬儀タイプ

合同葬

ほかの合同火葬を希望しているペットと合同で火葬を行うため、お骨は混ざり合ってしまい返骨はできません。ペットの骨は合同埋葬され、合同納骨所に納骨されます。

一任個別葬

合同ではなく、個別に火葬する方法。立会いはできませんが、火葬後は合同埋葬するケースや返骨するケースなど、業者によって対応が異なるので事前に確認しておきましょう。

立会い個別葬

飼い主立会いのもと個別に火葬する方法。お別れ、火入れ、骨上げまですべてに参列可能。僧侶による読経や祭壇の設営など、人間と同じようなサービスを行う業者もあります。

価格 低 ←→ 高

納骨方法を考える

ペット霊園

人間のお墓と同じようにペットにも個別の墓地や墓石、納骨堂がある個別霊園と、大勢のペットと一緒に埋葬する共同霊園の２種があります。共同霊園でも、お線香やお花を立てて供養することが自由で、個別霊園と比べると費用も抑えられます。

自宅供養

遺骨を骨壷に入れたまま、自宅で供養する場合もあります。ほかにも遺骨や遺毛、爪などを分骨用のミニ骨壷に納める手元供養という方法もあります。身近な存在であったパートナーだからこそ、近くで感じたいという思いがあるようです。

必要な手続きでスムーズに送る

生後 91 日以上の犬（畜犬登録が済んでいる犬）が亡くなった場合は、死亡してから 30 日以内に保健所に死亡届出書（死亡届）を提出する手続きが必要。鑑札と狂犬病予防注射済証を返却します。また、血統書登録している場合には、その犬種団体にも連絡しましょう。

情報提供／日本ペット訪問火葬協会（高橋達治）

獣医師
ウスキ動物病院院長
臼杵 新（うすき あらた）

1974年生まれ、埼玉県出身。麻布大学獣医学部獣医学科卒業。神奈川県横浜市の野田動物病院などを経て、埼玉県さいたま市桜区の「ウスキ動物病院」の院長に。動物たちの長寿のためには定期的な検診が大切という考えのもと、日々診療にあたる。飼い主とのコミュニケーションを通し、最適な治療方法を提案している。著書に『イヌを長生きさせる50の秘訣』（SBクリエイティブ）がある。

ヒューマン・ドッグトレーナー
DOGSHIP Harbor 代表
須﨑 大（すざき だい）

明治大学理工学部精密工学科を卒業後、カナダ・バンクーバーのドッグトレーナー養成学校入校。Sierra K-9（現在：K9 Kinship）カナダ公認トレーナーとして認可を受け、東京に「DOGSHIP」を設立。実務経験と動物の行動学と心理学を学問してきた立場から、人と犬、人と人の相互関係をライフワークとして研究している。著書に『いきいきDOGの育て方』（小学館）、『くんくんゲーム』（学習研究社）などがある。

STAFF

Editor	須川奈津江（micro fish）
	川見安美
Writer	萩原みよこ
Designer	平林亜紀（micro fish）

愛犬が長生きする本

2015年12月5日　第1刷発行

監修	臼杵 新　須﨑 大
発行人	蓮見清一
発行所	株式会社宝島社
	〒102-8388　東京都千代田区一番町25番地
	営業：03-3234-4621
	編集：03-3239-0927
	http://tkj.jp
	振替：00170-1-170829（株）宝島社

印刷・製本　図書印刷株式会社

ISBN　978-4-8002-4827-5